好命运
不如好德行

文山 —— 著

民主与建设出版社
·北京·

©民主与建设出版社，2024

图书在版编目(CIP)数据

好命运不如好德行 / 文山著. -- 北京：民主与建设出版社，2016.8（2024.6重印）

ISBN 978-7-5139-1234-1

Ⅰ.①好… Ⅱ.①文… Ⅲ.①人生哲学－青年读物 Ⅳ.①B821-49

中国版本图书馆CIP数据核字（2016）第180087号

好命运不如好德行
HAO MING YUN BU RU HAO DE XING

著　　者	文　山
责任编辑	刘树民
出版发行	民主与建设出版社有限责任公司
电　　话	（010）59417747　59419778
社　　址	北京市海淀区西三环中路10号望海楼E座7层
邮　　编	100142
印　　刷	三河市同力彩印有限公司
版　　次	2017年1月第1版
印　　次	2024年6月第2次印刷
开　　本	880mm×1230mm　1/32
印　　张	6
字　　数	180千字
书　　号	ISBN 978-7-5139-1234-1
定　　价	48.00元

注：如有印、装质量问题，请与出版社联系。

CONTENTS 目录

最好的命运，最好的德行

- 002 最好的命运，最好的德行
- 005 只有德行，才会让人受辱
- 006 心中有一颗秤星
- 008 有强大的生命力才是好命
- 012 让别人成功，就是自己成功
- 014 别人的努力，留下来的也是汗水
- 016 境遇不好，也可以活得高贵
- 019 你要弄明白，身上的光来自哪里
- 021 为什么她这么优雅
- 027 学会柔软，学会放过自己
- 029 怎样才算是完美的人生
- 032 做一个不磨叽的人

成功的路上没有捷径

036 成功的路上没有捷径
038 把成功放在第二位
040 决不放弃1%的可能
042 给自己99分
044 时间冠军
047 别在职场做植物人
049 一碗牛肉面的管理哲学
051 与面试官过招
053 为什么跳槽
055 小雪情
057 用爱心创造名牌
059 闭口做事
061 成功到底是什么
063 创造自己的机会

CONTENTS 目录

背熟自己的台词

066 推好这辆"独轮车"
068 小生意的温情牌
070 幸好电视机坏了
072 修炼成一块金子
074 微笑的包装纸
075 他把月亮给卖了
077 我为什么没有拿到 offer
079 用智慧催生出"蜗居富翁"
081 员工的四类分法
083 别小看茶叶蛋
085 背熟自己的台词
087 几条不要
089 投狗所好

失去，另一种开始

092 一根手指建成大桥
094 学会慢
096 宰相的泥腿精神
098 与蜜蜂合作
099 与敌人做搭档
101 诚实是最大的财富
103 父亲的苦瓜情结
105 十年磨一刺
107 生命中暂停一下
109 失去，另一种开始
111 用努力弥补差距
113 拯救是一面镜子
115 赢得人生的每一站
117 心态决定高度
119 先把花盆经营好

CONTENTS 目录

卖梦者

- 122 小提琴碎了之后
- 124 说出你的答案
- 128 四亿美元的台词
- 130 下水管道里的旅馆
- 132 橡皮章上的世界
- 134 天文财富记
- 138 水房子
- 140 偷袭营销
- 142 说马桶理论的人
- 144 运动才能产生能量
- 146 小男孩的心
- 149 不能只做宠物
- 151 保洁员阿姐
- 153 卖梦者

缺陷一样如金子般闪光

- 156 成功就是再试一次
- 158 凭智慧战胜对手
- 160 缺陷一样如金子般闪光
- 162 招聘
- 164 我的爱情的思考
- 166 为什么是这个
- 168 写得一手好文章
- 170 调节好自己的情绪
- 173 贵　人
- 175 赞歌送给他们
- 177 没有人不行
- 179 你只有一条路
- 181 一堂体育课
- 183 习惯被人拒绝

最好的命运，
最好的德行

不是上帝在垂青她，而是自己的德行在垂青自己，帮助自己。

当我们感叹、羡慕别人的成功与幸运时，一定要记住，有时，一点小小的美德和善行所产生的力量，会胜过千军万马。

最好的命运，最好的德行

19世纪末，苏格兰乡间有一位贫苦的农夫叫弗莱明。一天，他在地里干活时，解救了一个陷在泥沼里的男孩。

男孩的父亲准备拿一笔重金来酬谢，却遭到弗莱明的谢绝。男孩的父亲说："既然你救了我的儿子，那也让我为你的儿子尽点力，请允许我资助他，让他接受更好的教育。"弗莱明见绅士一片真诚，就答应了他的提议。

就这样，在这位绅士的资助下，弗莱明的儿子亚历山大·弗莱明后来进入伦敦大学著名的圣玛利医学院，毕业后以优异成绩留校，帮助老师赖特博士进行免疫学研究。多年后，亚历山大·弗莱明成为英国著名的细菌学家，并在1928年发明了人类历史上第一种抗生素——青霉素，挽救了无数病人的生命，并因此获得了诺贝尔医学奖。

那个被农夫救起的男孩，后来成为一个著名的政治家——丘吉尔。二战期间，已经当上英国首相的丘吉尔在出访非洲时，不幸患了严重的肺炎（那时，患了肺炎就等于得了绝症），生命垂危。在紧急关头，亚历山大·弗莱明特意从英国赶来，用自己发明的青霉素挽救了丘吉尔的性命。丘吉尔紧紧握住他的手说："谢谢，你们父子给了我两次生命。"亚历山大·弗莱明笑着回答："不用客气，第一次是我的父亲救了你，但这一次，是你的父亲救了你。"

如果说亚历山大·弗莱明的成功得益于父亲的善良德行，而美国前国务卿赖斯则得益于她自己的善良德行。

1975年，15岁的赖斯高中毕业后进入丹佛大学学习英国文学和美国政治学。一天早晨，她和几个同学走出宿舍上课，迎面遇见一个60多岁的老太太，手里拿着一张图一边对照着，一边焦急地四处张望。看到赖斯他们走过来，老太太举着这张地形图，说自己想要到国际关系研究生院找一位名叫约瑟夫·科贝尔的人，可找了半天也没有找到。赖斯热情地说："那我带您去吧！"

在赖斯的引导下，老太太很快找到了科贝尔。正当赖斯要转身离去时，老太太说："为什么不认识一下呢？"于是，他们互相知道了身份：原来，老太太是波兰大使夫人，她要找的约瑟夫·科贝尔是她的老朋友，曾任捷克斯洛伐克大使，如今是国际关系研究生院的创办人、著名的苏联与东欧问题专家。而且，他还是克林顿时期的国务卿玛德琳·奥尔布赖特的父亲。

也巧，当赖斯走出研究生院时，正遇上有人在发传单，上面介绍的是《斯大林时代与政治》主题讲座，主讲人正是约瑟夫·科贝尔。赖斯想，既然认识了，就应该去捧捧场。讲课时，科贝尔教授一眼就认出了坐在第一排的赖斯，并发现她听得兴致勃勃。中午，科贝尔教授特意邀请老太太与赖斯一同吃饭。席间，他发现这个黑人女孩聪明、果断，对政治有许多独到的看法，很是欣赏，就动员她毕业后报考他的政治学研究生。

从此，赖斯成了一个"被上帝垂青的人"：19岁考入丹佛大学国际关系研究生院，在科贝尔教授的引导下，重新确立了自己的职业目标，将东欧和苏联作为主要研究领域；26岁获得政治学博士学位；34岁出任老布什总统的国家安全事务助理，成为美国历史上最年轻的也是第一位女性国家安全事务助理；2000年，46岁的她成为小布什总统首席对外政策顾问；2005年，51岁的她出任国务卿，成为美国历史上继奥尔布赖特之后的第二位女性国务卿和美国政府中任职最高的黑人女性。

当农夫弗莱明救起一个身陷泥沼的孩子时，绝不会想到这样一件小小的善举竟会产生如此美妙的连锁反应：对方资助自己的孩子上学，并从此改变了孩子的人生轨迹；成为医学家的儿子又救了自己恩人的后代——一个著名政治家的生命。这个被至纯至美的人性所"链接"起来的连环的感恩与报恩行为，不仅改变了两个人的命运，而且也对人类历史的发展产生了影响。

当赖斯凭着天性中的善良与热情为一个陌生老太太引路时，绝不会想到老太太会帮她结识生命中最重要的贵人——这个人为她未来的人生引了路。所以，当许多人羡慕赖斯是"被上帝垂青的人"时，只有她自己知道：不是上帝在垂青她，而是自己的德行在垂青自己，帮助自己。

  所以，当我们感叹、羡慕别人的成功与幸运时，一定要记住，有时，一点小小的美德和善行所产生的力量，会胜过千军万马。从这个意义上说，好命运不如好德行。

只有德行，才会让人受辱

三国时，有个人叫袁涣。有次吕布让他写信骂刘备，袁涣不骂。吕布再三强迫他，他还是不骂。吕布急了，拿着兵器威胁袁涣说："你要是不骂，我就杀了你。"

这句恐吓的话，《三国志》里是这么写的："为之则生，不为则死。"在这样的威逼面前，袁涣还是不骂，脸上没有一点害怕的神色。

对此，袁涣是这么解释的："这个世界上，真正可以让人受辱的，只有德行。德行不足，才使人感到羞耻，我还没听说过骂人可以让人受辱的呢。更何况，如果刘备是个君子，他不会感到耻辱；如果刘备是个小人，他非但不感到耻辱，还会用同样的方法对付你。"

当然了，真正把吕布说服的还是最后这句话："且涣他日之事刘将军，犹今日之事将军也，如一旦去此，复骂将军，可乎？"意思是，今天我伺候你的时候骂刘备，明天我要是去伺候刘备时回骂你，你觉得这样好吗？袁涣这招效果明显，以至"布惭而止"。

心中有一颗秤星

20世纪60年代,我很穷。从妻子当小贩卖水果开始,家境逐渐得到改善。

当时使用的是老式杆秤。妻子在给顾客称水果时,总是在秤星上放一点,不仅不短斤少两,反倒会多出一些。这事传开了,一来二去,她的回头客多了起来,效益也就好。

有了一些资金积累后,她注册了"同安贸易公司",做起了大豆生意。因为商业口碑好,订单像雪片一样飞来。

后来两个儿子儿媳下岗了,她就都收进了公司里,自己解决了家人下岗后重新就业的问题,减轻了社会负担。

妻子经商40多年,始终坚持在秤星上向顾客倾斜一点。依靠诚信经营的红利,我们这个8口之家早早地过上了小康生活。这种秤星上的德行,也成为我们老颜家主要的家教内容,妻子要求全家无论做人还是做事,心中都得有一颗秤星。

考古发现,衡器在春秋时就有了。提系杆秤的出现则不早于东汉末至三国之交。它由秤锤(砣)和秤杆组成。古人管秤锤叫"权",秤杆叫"衡"(也就有了"权衡"这个词)。秤杆上刻有星,即秤星,斤两分明。一秤在手,秤星是倾向顾客还是倾向自己,马上就得做出权衡。因而,秤星称出的是一个人的人品和德行。

老式生意人秤星上的德行都好。资料记载,清朝时在汕头一带流行过一种17两秤(当时1斤是16两),据说是一个小贩"发明"的,他卖出的东西1斤多出1两。不少人向他看齐,也用上了这种秤。

短斤少两则不知起于何时。妻子对此深恶痛绝:"他娘的(这是她不雅的口头禅），缺德！"

时下，时时可见这种秤星上的失德，食品药品掺假、虚假广告、过度包装等等，甚至一些清高行业也假起来了，如过度医疗、论文抄袭、职称造假、某些公职人员的假大空话，等等。

人而无信，不知其可也。

有强大的生命力才是好命

有一天看到闺蜜在朋友圈里写了一句话，大致意思是："你抽到什么牌都不是最牛的，最牛的是无论好牌还是臭牌，你都能打好。"

我们在生活中，时常会遇到大事小情，有的是好像怎么都翻不过去的山，有些是令人头疼的小事，转头去看别人：咦，怎么他们的人生都那么顺遂，什么事情都很顺利，他的命真好！我只是觉得，每个人都有自己的烦恼，也有自己的幸福。

对于我们大多数普通人而言，不可能一辈子都顺遂如意的，但是为什么有的人每天愁眉苦脸，而有些人却能够生机勃勃地翻山过河，保持着阳光的心态继续前行？是为生命力。

某个深夜，有位读者跟我聊了几句，最后她感慨说：总体而言，你应该是个方方面面都比较顺利的人吧？我忍不住笑。在那之前，不止一次有人这样感慨过，有并不是很熟悉的网友，也有交往颇多的朋友，跟我在一起超过十年的克莱德先生也时常这样说，偶尔会半是嫉妒半是感慨地说，"你就是太顺利了。"

别人这样说的时候，我顶多笑笑，假装自己很得意，谁不喜欢自己命好啊？但克莱德先生这样说的时候，我一定会奋起反击，因为我觉得他抹杀了我的努力。偶尔我会说：我命好也是我自己争取来的！

跟许多吃过苦受过累的人相比，我的人生的确是相对顺利的：

小时候没有家境窘迫到读不起书，长大了考上大学没有因为交不上学费而辍学，大学毕业没有找不到工作流浪街头或者在家啃老，恋爱结婚之后没有吃不上饭养不起孩子；家庭稳定，身体健康，虽然偶尔头疼脑热，但从无大碍——且慢，我说，难道你们大部分人的人生不也是这样的吗？

我觉得这样的人生就算是顺利了,相比那些从小生活在饥寒交迫的家庭,又或者受到病魔威胁的人而言,我们的确值得再三感慨自己的人生太幸福了。

所以,我喝一杯茶会觉得自己很幸福,看今天的蓝天很好会觉得很幸福,和家人一起觉得很幸福,哪怕是淋着雨走在山顶看到葱翠绿色也觉得很幸福……我很珍惜这一刻的顺利。若是把这些片段揉碎来看,我抽到的都是好牌吗?当然不是啊。

读书时,中考之前我们那里的政策突然改了,原本很有把握进入的那所高中,因为划片需要更高的分数才能进入。我成绩还不错,但中考成绩不理想,我爸为了让我进那所高中甚至让我多读了一年初三,没错,为了上一所好高中,我蹉跎了一年的时间。结果呢?结果第二次中考,成绩还是不够好,最终还是与那所高中失之交臂,进入了一所三流高中。分数线出来,我失落得恨不得去死——那时候小,一点点小事儿就会觉得是天崩地裂般严重,而且,觉得自己所有努力都付诸东流,特别对不起父母等等。

这大概是人生第一次失败,主客观因素都有,但后来意外促成了我高中时候的努力。那是很叛逆的十六七岁,我曾经公开跟老师顶撞吵架,也曾经躲在被窝里打着手电筒学习。

与我完全相反的是一位初中的女同学,她属于那种天资聪颖的类型,学习不用多吃力,一点就通。中考后,她顺利进入了那所好高中,一年多之后,却因为早恋,闹得不可收拾;后来终于勉强读完高中,高考成绩并不是很好,进了一所大学,但是还没大学毕业就又因为恋爱问题休学回家不知所终了……

所以,好多时候,我们真的不好说自己拿到的是好牌还是坏牌。好牌如果不好好打,也有可能一败涂地;而坏牌,若是认真打,也许还有反击的机会呢。

我觉得,在许多的瞬间,你都能够深刻体会到"祸福相依"的意思,当我一再回头去看那些决定我人生走向的瞬间的故事时,我都在心中深深感慨。好像没有那些令人沮丧的"坏牌",就不会有我后来的"好牌"。

许多的时候,我不喜欢摊开自己经历过的苦难给别人看。我甚至曾经想，有些痛苦，不足为外人说。因为每个人的人生经验都与众不同，我们每个人对自己苦难、痛苦的深刻理解，无法企盼其他人也达到这么深的理解；而若总是絮絮叨叨，我们很有可能就会走到"祥林嫂"的歧途上。也许真的有人一帆风顺，但那个人不是我。

小时候很害怕妈妈说"这个月的工资花完了"，因为我们家只有老爸赚钱，总是觉得捉襟见肘；读大学时，我很早就决定不考研，因为妹妹比我晚两年也要读大学，承担两个女儿的学费对父亲而言无疑是非常大的负担；工作之后，我所在的杂志社并不是强势媒体，当你意识到自己有点边缘化的时候，那种感觉是非常难以言状的——你可以变得孤傲，独来独往，谁都不理，但你也可以变得更努力，因为你这个人足够好，一切才会更好；毕业后，我曾经为了办理户口和档案，求告无门，痛苦不已，最后是同事和一位早已失去联系的网友给我帮忙弄妥当。那时候年纪小，只会说"谢谢"，现在想来，这是多大的恩情啊！

我今天所拥有的一切，有许多是别人给予的，比如我的原生家庭给我的，比如我的爱人给我的，比如我的同事朋友给我的。但是生命力这件事，是我自己的。而正是这源源不断永不枯竭的生命力，让我"注定"拥有了这一切：一切的好与一切的顺利。

蒋勋先生在讲《红楼梦》时，讲到刘姥姥给王熙凤的女儿起名字时，提到了生命力的问题：所谓生命力，就是灾难不再是灾难，危机不再是危机。在我们的生活中，有时候遇到一点小事儿就觉得过不去了，其实就是生命力弱了。

那些永远都阳光积极的人，那些永远不会被打倒的人，那些可以东山再起的人，是他们没有受过伤，没有经历过苦难吗？当然不是，而是这个人生命力非常强。

遇到山，他能爬过去；遇到河，他能渡过去；遇到困难，他能去解决，去承受；遇到一切，他都会想办法，而不是坐在地上哀号痛苦：哎哟，我的那个命啊！

当他们不把灾难当灾难，不把危机当危机的时候，他们的生命中还剩下什么呢？当然就是那些快乐的、阳光的、积极的事情咯。那还有什么理由不扬起笑脸，热情洋溢地生活下去呢？

天生好命的人实在太少，而天生命不好的人，也同样很少。太多人是因为缺乏生命力，所以才导致自己总陷入"命不好"的泥沼中。

想想看，我们真的不是命不够好，只是有时候养尊处优又或者太过顺利，令我们逐渐失去了自己生命中最要紧的生命力。

拥有了强大的生命力，我们就拥有了永远不会失去的"好命"，因为任何牌，我们都能打好。

让别人成功，就是自己成功

一生中，你能尊重多少人，就有多少人尊重你。你能信任多少人，就有多少人信任你！你能让多少人成功，就有多少人帮助你成功！

台北有一位建筑商，年轻时就以精明著称于业内。那时的他，虽然颇具商业头脑，做事也成熟干练，但摸爬滚打许多年，事业不仅没有起色，最后还以破产告终。

在那段失落而迷茫的日子里，他不断地反思自己失败的原因，想破脑壳也找寻不到答案。

论才智，论勤奋，论计谋，他都不逊于别人，为什么有人成功了，而他离成功越来越远呢？

百无聊赖的时候，他来到街头漫无目的地闲转，路过一家书报亭，就买了一份报纸随便翻看。

看着看着，他的眼前豁然一亮，报纸上的一段话如电光石火般击中他的心灵。后来，他以一万元为本金，再战商场。

这次，他的生意好像被施加了魔法，从杂质铺到水泥厂，从包工头到建筑商，一路顺风顺水，合作伙伴趋之若鹜。短短几年内，他的资产就突飞猛进到一亿元，创造了一个商业神话。

有很多记者追问他东山再起的秘诀，他只透露四个字：只拿六分。又过了几年，他的资产如滚雪般越来越大，达到一百亿元。

有一次，他来到大学演讲，期间不断有学生提问，问他从一万元变成一百亿元到底有何秘诀。他笑着回答，因为我一直坚持少拿两分。学生们听得如坠云里雾里。

望着学生们渴望成功的眼神，他终于说出一段往事。他说，当年在街头看见一篇采访李泽楷的文章，读后很有感触。

记者问李泽楷："你的父亲李嘉诚究竟教会了你怎样的赚钱秘诀？"李泽楷说："父亲从没告诉我赚钱的方法，只教了我一些做人处事的道理。"记者大惊，不信。

李泽楷又说："父亲叮嘱过，你和别人合作，假如你拿七分合理，八分也可以，那我们李家拿六分就可以了。"

说到这里，他动情地说，这段采访我看了不下一百遍，终于弄明白一个道理：做人最高的境界是厚道，所以精明的最高境界也是厚道。

细想一下就知道，李嘉诚总是让别人多赚两分，所以，每个人都知道和他合作会占便宜，就有更多的人愿意和他合作。

如此一来，虽然他只拿六分，生意却多了一百个，假如拿八分的话，一百个会变成五个。到底哪个更赚呢？奥秘就在其中。

我最初犯下的最大错误就是过于精明，总是千方百计地从对方身上多赚钱，以为赚得越多，就越成功，结果是，多赚了眼前，输掉了未来。

演讲结束后，他从包里掏出一张泛黄的报纸，正是报道李泽楷的那张，多年来，他一直珍藏着。报纸的空白处，有一行毛笔书写的楷书：七分合理，八分也可以，那我只拿六分。

小胜靠智，大胜靠德，厚积薄发，气势如虹。只懂追逐利润，是常人所为；更懂分享利润，是超人所作。人生百年，不可享尽世间所有荣华；惠及百人，能够得到人间更多真爱。

人的一生给别人借过时实际是在给自己修路，厚道的人，你的人生路总是很宽很长……

别人的努力，留下来的也是汗水

前几天，做保险工作的阮阮跟我说，她年前开着一辆宝马出超市的停车场，收费的阿姨问了一句："姑娘，车是你老爸给你买的吧。"她有些沮丧，又有些觉得小小的骄傲，一股奇怪的情绪在心中作祟，让我想到了《美好古董衣店》里的两个特别奔命的姑娘。我不懂车，但从认识阮阮，就觉得她是个很有冲劲儿的女孩。渐渐相熟之后，阮阮断断续续给我讲了一些她小时候的故事，我拼拼凑凑大概是下面俗气的鸡汤故事：

从小家境不好，住在偏僻的大山，听说读书改变命运，于是拼命读书，真考上了大山之外的大学，于是更加努力的学习。毕业后十年一直在保险公司，从最基础的业务员开始，做到今天的水平。我不太懂她现在啥水平，也不懂保险，单从物质上来讲，甩我几十条街。（我就是一个俗到只能看钱判断生活水平的人）

我把她介绍给我的其他女性朋友，大家纷纷说："怎么可能啊，走出大山哪里那么容易？""扯吧，这种背景怎么可能有大客户人脉，没人脉怎么做保险？""她老公是干嘛的？""现在的农村可有钱了，爹妈是拆迁户吧。"

这些问题的答案我都不知道，也没问过阮阮，但我的第一反应是："你们为啥不信啊？"我们经常会在网络上看到各种鼓励女孩变得更美好的文章，也见过很多很多女生在网上大肆宣扬女权主义，表达自己的立场和声音，可真的面对同龄女孩的努力，却总是摆出一副"不可能""背后一定有人"的架势。不相信别人的你，真的相信过自己吗？

时隔好些年不见的同学相聚，提到某个女生现在的生活很滋润，大家伙儿不约而同地问道："她老公是干吗的？嫁入豪门了吧？"提到业内某个名声赫赫的女总裁，总有声音从背后传来："那有什么啊，不是离婚了吗？再有钱再有能力也没什么幸福啊。"

而提到自己每天的努力，"干得好不如嫁得好"，"努力有什么用？还不是个穷屌？"生活姿态千万种，你怎么知道离了婚就不幸福？你怎么知道那些有本事的女生一定靠老公？跟别人瞥眼睛的时候，自己能不能比对方过得好？

《美好古董衣店》的主人公之一奥莉芙有一篇日记写到"我很好奇，未来的人们会怎样看我们这些生活在世纪之交的傻瓜们。也许到了那一天，这个世界上的女人能和男人一样平等。"100年过去了，表面上的平等在日新月异的变化发展，但我们的内心似乎并没有做好准备。我们不相信自己的努力有一天会让自己实现目标，也不相信别人的努力带来了丰硕的果实。如果说，书中描述的那100年前由于社会风潮引起的不平等压制了女性的战斗力，那今天来自我们内心的不相信才会彻彻底底地让女性对自己的认识毁于一旦。至少前者还可以抗争，但后者已让我们再也无法站起来。

当然，以前我自己也是如此，当我看完这本书突然意识到这个问题的时候，我尝试改变自己的想法。我看励志故事，更看身边人的故事。比如正在创业的朋友小令，一个小女孩开个餐馆被各种部门刁难的一边修车一边在马路边哭；正在日本做贸易的老高，刚给客人买好的货被偷了自己又搭上钱重新买；我不关心小令是不是富二代，也不关心老高的爹是不是很有钱，我只关心，她们正在做的努力，我做不到，我做不到被人欺负还要坚持谈下去，我做不到丢了几十万的货连哭的时间都没有就要去赔。我做不到，就觉得她们真棒，我懈怠的时候，她们就是我的榜样。

当我用这样的心态和眼光看世界的时候，感觉人人都是励志对象。身边的每个人都有值得我们学习的地方，每个人的行为也有能激励我们的地方。承认别人的优点，看得起别人的成功，才是能够让自己走向成功的第一步。而女生彼此之间对于对方成功的赞许与信任，也才是女生从心底走向平等的开始。如果身为女生的我们自己，都只相信别的女孩靠男人才能成功，自己靠嫁人才能跨进一个新人生，那就真的不要再怪别人看低你了。

境遇不好，也可以活得高贵

[1]

读大学时最崇拜的就是哲学系的胡教授，高高瘦瘦颇有几分仙风道骨的味道，每次他的课总是爆满，因为他是一位非常有思想的老先生。那时候我刚好在做宣传方面的学生工作，对胡教授的那次专访让我印象深刻。

我们走进他的办公室的时候，他正戴着眼镜看书。他的办公室简单但不简陋，东西少但不会让人有放空的感觉，反而觉得更踏实。办公室内所有的桌子跟椅子都是木制的，电脑放在门口一张桌子上，大概是助教的位子。胡教授桌上堆了很高的一摞书，书架上也满满地都是书。我们注意到老教授靠近办公桌的墙壁上挂着一幅书法作品，写的是刘禹锡《陋室铭》："山不在高，有仙则名；水不在深，有龙则灵。斯是陋室，惟吾德馨……"

采访中我印象最深的是问到老教授理想生活的时候，他提出了一个"低配人生"，那是我第一次接触到这个词。所谓低配人生，大概也就是老教授现在的样子了吧！不追求生活配置高档化，而注重精神配置高贵化。

他说年轻时候也曾经是个疯小子。那个年代国内摇滚音乐还没开始大范围地流行起来，他跟几个同学就组了个小乐队，凭着家世背景搞来国外摇滚的录音带，然后在同学中间传着听。教授说他倒挺怀念那段日子的，那时候觉得能天天玩摇滚大概就是理想生活了。

随着年岁的增长以及家庭的变化，越来越觉得多读书才会活得更踏实，于是放弃了那种激情燃烧的摇滚，开始潜心研究学问。胡教授说，学问研究得越深，越觉得真正的人生当在于精神的丰满。所以，他现在觉得理想生活应该是精神高贵的生活，应该是一种低配人生。

胡教授说，他对现在的年轻人追求时尚追求高品质精致生活这种现象并不排斥，因为他也是从那样的年轻人走过来的，到了某个年纪自然就会顿悟，身外之物根本没那么重要，低配人生才是最踏实、最稳定的。

[2]

几年前工作认识的一个朋友萧萧，是个大美女，因为年纪相仿，也就比较有共同话题，一来二去就比较熟了，工作结束后也会约着一起吃饭逛街。

接触久了就发现萧萧是个有些虚荣的女孩儿，吃饭总要点比我贵的牛排，买衣服也买些名牌，香水、化妆品都要叫的出名字的名牌。她也刚参加工作没几年，工资也没有多高，加上房租每到月底总要捉襟见肘，她是个不折不扣的"月光族"。

我曾经跟萧萧聊过这个问题，她倒挺有自己的一套理论，什么"人生得意须尽欢"啊，"年轻就是资本"啊，但也让我一时语塞，无言以对。她说年轻不就该挥霍吗？等到需要考虑钱的时候，她自然会回归本分做个平凡人。现在不买衣服等到了有钱的时候就没姿色穿了，现在不买点名牌，怎么吸引白马王子来追！

我被她说得一愣一愣的，甚至某个瞬间我竟抽风似的觉得她说的还蛮有道理。她算是个不折不扣的高配主义者了，有些得意尽欢的洒脱和落在当下的狂傲。吃穿用要挑最好的，过一种所谓的精致生活，但是居安不思危只顾当下不做长远打算的行为，我也不敢苟同。或许真正到了某一天，她会后悔现在的大手大脚，开始后悔没有多读一点书，多涵养一下自己的精神世界。

那个时候，她大概就能真正明白低配人生的意义了。

[3]

如果你见惯了灯红酒绿声色犬马，却依然觉得空虚无聊迷茫无助，那你该思考一下你的现状，想想你决心努力的初衷。空虚是因为外物的高配使得内心迷茫不前，过分执迷于生活中的浮华而疏于对自己内心的充实。而很多时候我们忽略的，恰恰是最重要的东西。

低配人生，并不是倡导我们要衣衫褴褛吃糠咽菜。它而是一种理念，比起外部世界的追求，低配主义者更加重视内在的修养，重视精神的成长，重视灵魂的丰富。

古往今来，伟大的人大都不拘泥于当下欢乐，他们或有雄心壮志一往无前，或将世事看透潜心修炼，无论是哪一种，都不被外物所拘束，从而在低配人生中享受着广阔的自由。

《吕氏春秋·去私》中有言："良田千顷，不过一日三餐。广厦万间，只睡卧榻三尺。"我们辛苦打拼，用双手开辟自己的新天地，却很容易在奋斗的过程中迷失自己，梦想的初衷往往在时光的打磨中变成欲望。

这时候，我们应当意识到，真正的高贵在于精神，在于灵魂，并非财大气粗就是王者，并非良田千顷广厦万间就是赢家，我所敬佩的，是有着丰富的精神世界的人。

那些人可能只有一张简单的书桌，一把简单的椅子，穿着简单的T恤，却因为精神的丰满而变成夜空中最明亮的星，让世人为他们内敛的人格魅力所折服。

[4]

低配人生是一种放下。放下焦躁的心，放下繁华的景，放下不必要的浪费不必要的支出，够用就好是一种态度。同时，低配也让我们有更多的空间时间去充实自己的内心世界，也给了理想更多的翱翔空间。人的精力是有限的，分配精力是一门学问，外物投入过多便意味着对内心投入过少，这样的人生是不完整的。没有人天生高贵，也没有人天生低贱，事在人为是不变的真理，生活始终掌握在自己手中。

低配人生是对生活应有的态度。降低一点物质要求，丰富一下精神世界。少买一件化妆品，多读一本书；少买一件不必要的衣服，多听一场讲座……

如此，低配人生，我们同样可以高贵地活。

你要弄明白，身上的光来自哪里

朋友圈里，有的人喜欢晒人脉，"这个网红我认识""那些大咖，我都有联系方式""我和某某吃过饭"……究其缘由，是因为工作上的关系，结识了一些大咖。

大企业的人，似乎很容易感觉自己自带光环。出去谈合作，别人一听你是某某公司的，必然和颜悦色地好好伺候。因为平台好，工作上结识的人脉优质，时间长了，会不自觉地滋生几分多余的自信来。说白了，就是把平台带来的红利，错当作自己的能力。

我学新闻传播出身，认识不少在媒体工作的姑娘，有的人跑采访，动辄采访那些创始人啊、CEO啊、副总裁啊，这些是必然要发朋友圈的，往往还带着几句类似于"收获满满"的感悟。CEO顺便请吃个饭，有姑娘坐在别人车里拍了张自拍，幸福骄矜写在脸上，发朋友圈告知"某某CEO还开车带我去吃饭呢"。

相比之下，一个前辈的低调和清醒让我十分钦佩。因为工作原因，她七年时间都在做一线作家的访谈，接洽的都是作家富豪榜榜上有名的人物，她却写下了这样一段话用以自省——

长期对话大咖带来的虚无自信心应当克制。衬托他人光芒只是锦上添花，并不能照亮自己前路。

聪明之人，清醒地明白，哪些是自己的能力，哪些只是自己所在的平台带来的福利。

你以为你认识大咖了，可是在对方心里，你不叫张三李四，你叫某某刊物的记者。一旦你离开了供职机构，你就是个面目模糊的路人而已。对他们而言，重要的不是你这个人，而是你现在所在的平台。

很多时候，你春风满面、事事如意，不是因为你能力强，而是因为你所在的平台好。

作为一个写出过数十篇10万+爆文的作者，我告诉你创造一篇10万+爆文最简单粗暴的方法——把文章发在百万级别的大号上呗。在百万级别的大号上，你全文就写句"呵呵"也能轻松10万+。

在百万大号做新媒体小编，写出了篇10万+，就觉得自己天赋异禀、实力超群了；在金融杂志做采访记者，采访了几个牛人，和大咖亲密接触了，就自我感觉好到爆棚了；在公关公司工作，手上握着一张excel表格的网红资源，就觉得自己手握高端人脉了……虽然比方得有点夸张，但仔细想想，身边这样的人还真不少。

朋友离职，忧心忡忡：唉，离了这家公司，很多我现在认识的人，恐怕根本不会搭理我了。

在真正要离开的时候，才最清楚地看到：之前你身上的光亮，是舞台给你打的灯光，不是你自带的光芒。

也有人是欢欢喜喜离职的，手上带着大量资源，兴高采烈奔向比原来公司多开了6K-7K的公司，结果三个月内被拿走原来公司的人脉、套出原来公司的运作模式，接下来，就价值寥寥了。

还有人从原来公司跳出来创业，这才发现，之前轻易拿到的客户，现在需要努力争取；之前无须费力维持的关系，如今需要如履薄冰地维护。

这才明白过来：原来，真正牛的是平台，而不是你。

之前在网上看到一段短文，是讲电视剧《乔家大院》里的孙茂才，原先穷酸落魄沦为乞丐，后投奔乔家，为乔家的生意立下汗马功劳，享有功臣地位。孙茂才自负地以为，乔家的生意蒸蒸日上，他居功至伟。后来，他因为私欲，被赶出了乔家。孙茂才想投奔对手钱家，钱家对孙茂才说了这样一句话：不是你成就了乔家的生意，而是乔家的生意成就了你！

很多人常常拎不清，误把平台的资源当作自己的能耐，误把平台的成功归功于自己的本事。直到离开后，才明白，原来之前盲目高估了自己的实力，厉害的不是自己，而是原来的平台。

仗着大平台拿来的资源，其实没什么好炫耀的。毕竟，离开了这个平台，你还剩下的东西，才是你真正的本事啊。

为什么她这么优雅

我有一个学姐,她是我见过最优雅的女生。她永远妆容精致,衣着得体。熟人的party中,她是笑得最和暖的那一个。但一工作,瞬间显出强大气场,走路带风,干练自信。有人看着学姐一天一个名牌包,小半月不重样,就在背后嗤之以鼻,"还不就是个含着金钥匙出生的白富美"。

只有我知道,为了变成今天的自己,她曾经有多努力。学姐说,当我们小时候在吃披萨的时候,她极有可能正在啃豆腐菜——一种在西南乡镇随处可见的野菜。

她爸是个浪子,赌博,酗酒,不务正业,是"及时行乐"和"今朝有酒今朝醉"的坚定信奉者。她妈妈本是个温顺良善的传统中国女人,但某次发现酒鬼丈夫多了个酒后打娃娃的毛病后,便毅然决然离了婚,带着她独自搬到镇上。

在那个封闭保守的地方,离婚等同于罪孽。从妈妈在镇上卷尺厂上班的第一天起,就不断有奶奶那边的亲戚找过来,各种人身攻击,各种撒泼式的辱骂,言语之粗鄙,让她妈在车间羞愤到无地自容。没过多久,她妈在上班时一出神,就把手指头砸断了。

那年她5岁,追着那辆载着她妈去医院的三轮车,一边哭,一边跑。那条路灰暗而漫长,记忆也是。工作丢了,一时没有经济来源,她只好跟着妈妈去摘豆腐菜,附近的摘完了,就跑到更远的地方。现在这种野菜成了有机蔬菜,在超市价格再贵也供不应求,但她再也不会吃。

不能总回娘家,乡下的外婆靠大舅妈一家养,本来就不好过。不能总和亲戚借钱,因为冷眼比冬天的风雪还无情。为了养活她,她妈妈捡过路上的塑料瓶,卖过菜,熬夜做过刺绣,还摆过小摊卖抄手——这是她最喜欢的。南方阴冷的冬天，她们起一个大早去生炉子摆摊。最厚的衣服穿在身上，一天下来嘴唇也冻得青紫。收摊的时候，她妈会把剩下的抄手舀一大碗出来，面皮糊烂，馅菜破碎，但是一口热汤下去，幸福得舌尖都酥软。

还有一阵子，她妈帮别人看小孩，带着她一起去。雇主的孩子哭闹，她妈会用牛奶哄着，她就乖乖坐在一边，偷偷嗅牛奶的香气。女主人回家后，第一道目光就用来打量柜台上的零食，或者不经意地走过去打开奶粉罐头，探头看看又盖上。

长大后懂事了，偶尔回忆，她才理解女主人那一连串举动的意思。这样的往事永远不会随风飘散，而是变成针尖，时不时蹦出来，刺痛她小小的心。那心里有着最卑微，也最脆弱的自尊。

有一年过年，乡下杀猪，外婆瞒着舅妈，好歹藏了几根猪骨头托人捎来。除夕，母女俩用骨头汤煮面，面条吃完了，骨头也被啃得干干净净。为了多掏出一点骨油，妈妈还折断了一支筷子。

什么是相依为命？这便是了。

有一次她发烧三天没好，第三天已经烧得躺在床上起不来。她妈急了，后悔不该为了省打针的钱只给她吃药。怕她烧成傻子，背着她去镇上的诊所。走到一半，突然下大雨，本来就陡峭的土路变得更滑，在下一个土坡时，她妈脚滑，直接背着她一起摔下去。

按理说，这是一对应该抱住对方号啕大哭的悲情母女。可事实是，当她妈焦急地爬过来问她有没有摔伤时，她看见她妈满脸泥水，如同花猫，忍不住笑了。她妈怔了一下，认真凑近看她的脸，也笑了。她们就这样坐在大雨里，看着对方狼狈的样子傻笑着。

"朵朵，你看，有个棒棒糖。"她妈突然盯着地上某一处说。

她一瞥，果然惊喜地看见一颗未拆封的棒棒糖静静躺在身旁，那糖在小卖部卖5毛钱，她通常可望而不可即。在高烧不退、嘴巴里最苦涩无味的时候，一根棒棒糖从天而降，学姐说，她无法形容那一刻心里幸福的滋味。

到现在，她的味蕾已经不记得棒棒糖的甜味了，但她永远记得那一刻她和妈妈的喜悦。她妈还笑着说："我们朵朵是个小福星哟，摔了一跤，捡了一根棒棒糖。"

那天过后不久,生活发生转机。她妈去了一家餐馆打工,而她被送到县里的小舅舅家,妈妈把赚的钱都寄给舅舅。

在舅舅家,她一住就是三年。那个年代,普通家庭都不富裕。她和妹妹每天早上一人一个清水煮鸡蛋。妹妹喜欢先吃鸡蛋再吃饭,她相反,喜欢把好吃的东西留到最后吃。于是无意中,她便听到舅妈在房间里和舅舅偷偷说,是她抢了妹妹的吃的。她和妹妹住一个房间,她来了后就在妹妹的大床旁边支一个小沙发床。晚上睡觉后,舅妈经常把妹妹叫去吃独食,她闭着眼睛装作不知道。没有零花钱,每次班上收班费,她都缩在角落里假装没听见,其实困窘得要掉眼泪。

还好,很快她就结束了寄人篱下的生活,因为她考上县里最好的中学。学姐说,那个小县城,就是当年的她眼中的繁华世界。她第一次看见有年轻导购在门口跳舞的品牌服装店,第一次看见花花绿绿的电影海报,第一次在书店随心所欲地看书。

整个中学时期,她成了一个彻底的苦行僧。但她的努力不再只是为了给妈妈争气,她知道自己心里有了一片不为人知的浩瀚星空,所以她才高中三年如一日地每天早上5点起床念书,好几次因看书走得太晚被锁在教学楼一整晚。

她想追逐这片星空,她想去看更大、更新奇、更美丽、让人蠢蠢欲动的新世界。

18岁的夏天,她收到名牌大学的录取通知书。那个夏天,所有同龄人都在唱歌、烧书、彻夜狂欢,而她每天在餐馆端菜、洗碗,一块钱两块钱地计算着新生活的价格。

然而,新生活在第一天就给了她一个猝不及防。在开学报到的第一天,为了图便宜,她买的是几十个小时的硬座,且是深夜到站。凌晨两点她坐在候车厅等待天亮,上了个厕所回来,书包夹层里的现金就都不见了。

天亮后,她拖着旧皮箱,没有钱坐车,只好硬着头皮趁着人多混上公交车,一路上都在提心吊胆,害怕司机发现让她交钱。好不容易找到学校,公寓却因还未正式开学而不予开门。她又饿,又累,浑身脏兮兮,只

· 023 ·

能拖着旧箱子在学校外面四处游荡。

那晚，她孤零零坐在一家蛋糕店外，直到街上所有店铺都关门。最后，好心的蛋糕店老板娘发现了她，请她进店，还给她端来免费的蛋糕。蛋糕是香甜绵软的，可新生活是陌生无助的。她边吃边擦眼泪。老板娘是过来人，看见她的穿着和破皮箱，一切了然于心，当下就将两张桌子拼在一起，抱来薄毯子，让她睡在店里。

老板娘默默做着这些，一句多余的话也没有，只是在第二天她要离去时，轻轻对她说："姑娘，好好学习，以后一切都会变好的。"

学姐说，不知道为什么，老板娘安慰她的时候，她突然就想起和妈妈相依为命的日子。明明下着大雨，发着高烧，母女俩都被大雨浇得狼狈，可是，地上一根小小的棒棒糖却让她们在雨中对着彼此大笑，那样的开心。就好像，一根棒棒糖的甜味，便足以盖过生活所有的苦涩。

后来的大学期间，即使生活再艰难，她却再没有哭过。

最难的一个月，她的生活费是150元。买两毛钱一两的榨菜放在宿舍，早餐和午餐都是一个馒头就榨菜，没有晚餐。那个月里刚好有一天感冒，受不了馒头的寡淡，忍不住去窗口打一个鸡蛋炒西红柿，因为这个菜剩下的不够一个分量，打菜师傅免费打给她，为了这个，她高兴了一天。

她做过家教，每次来回四小时，倒三趟车；她在教学楼门口发过传单，也曾提着一大袋洗发水，在学生公寓楼一间间推销，受尽白眼无数；她在学校食堂做过勤工俭学，来打饭的学生中不少是她的同学，她从一开始的面红耳赤变得坦坦荡荡。

累的时候，她就问自己，是否愿意和小镇上那些早早辍学的小学女同学一样，结婚生子，柴米油盐，然后在麻将里渐渐老去。她知道自己不甘心。

她用功学习，每天依旧早起读外语，风雨无阻。同时，她进学校报社，参加主持人大赛，跟着社团里的学姐学长去外面的公司拉赞助。她发现，原来世界真的很广阔，会遇见有趣的人，会经历不曾经历的事，会明白再大的目标，只要努力，就能触手可及。

她穿廉价衣裙，却打扮得素净淡雅；她清汤寡水，却自有不施粉黛的清丽；她买不起奢侈品，却有着别人难以追赶的巨大阅读量。几乎所有学生能做的兼职，她都尝试过，最后她固定给一个文案公司写宣传文案。因为文采好、创意新，又比别人更努力，不断有客户指名要她写。渐渐地，她的稿费已经足够负担学费和生活费了。

大三，院里要选派优秀学生出国免费交流，几乎所有同学都觉得唯一的出国名额非她莫属，包括她自己。对于她来说，想要免费出国，这可能是唯一的机会。因此，她放弃了所有兼职，又恢复了大一时每天馒头配榨菜的日子，就为了一心一意泡图书馆，准备最后一场选拔考试。就着榨菜咽着馒头，她心里却是快乐的，因为她觉得，生活在渐渐变好，未来越来越清晰。

半年后的选拔考试，她考了第一名，可是，出国名额却给了另一个女生。俩导员不忍地告诉她，他帮她争取过，但没用，因为那个女生的伯伯是副院长。

她惨然一笑，原来，新世界里也会有灰暗、丑陋和不公。她心情灰暗，不吃不喝，在宿舍床上整整躺了两天。

第二天晚上，她做了一个梦，梦里下着大雨，年轻的妈妈和小女孩坐在地上，全身都被雨水和泥水浇湿，可她们就像一点也不知道自己有多狼狈一样，反而笑得很开心。小女孩高高举着手里的棒棒糖，笑嘻嘻地朝她妈妈炫耀。她在半夜醒来，眼角是湿润的。那一瞬间，她突然就释然了。黑夜里，她微笑着在心里说：忘记这件事情吧，不过就像在雨天摔了一跤，与其难过，还不如找找看地上有没有棒棒糖。

第三天，她就起床了，生活一如既往，仿佛什么也没发生过。那么，这一次，地上还有棒棒糖吗？她说不清。

只是，不久之后，她突然得到一个试写电视剧剧本的机会——是以前文案公司的老板，把她推荐给自己一个做影视的朋友。这是她第一次写剧本，熬夜三天，按照大纲写了一集剧本送过去。影视老板看完，直接对她说，过来帮忙吧。于是，她就在那家影视公司实习了九个月，全程参与了那个剧本的创作。剧本拍摄期间，她认识了H先生，并开始热恋。电视剧热播大火的那年，她拿了第一个新人奖，正在写第三个剧本。同年，H先生向她求婚，她拒绝，理由是还没看够大世界。

再然后，她和别人合开了一个小小的影视工作室，从最开始所有事情需要自己亲力亲为，到后来，工作室逐渐扩大。从最开始交不上房租，到后来换了更好的地段。

这中间，她和H先生吵过架，分过手，最后兜兜转转，还是回到H先生这个原点。H先生常开玩笑说自己有种挫败感，因为每次和他分手，她都不够失魂落魄，一定是不够爱他。其实，她哪里是因为不够爱，而是她早已习惯，摔跤后，也要记得笑。

再然后，她在这个城市买了房子，把妈妈接了过来。工作室蒸蒸日上的时候，她把事务交给合作伙伴，自己出国读戏剧。回国的那一天，H先生捧着鲜花和钻戒问她："你的新世界看完没有？现在，该和我组成一个小世界了吧。"

她先是点头，后来又摇头，说："大世界没看完，不过，小世界可以有。"就这样，她结束了和H先生长达十年的爱情长跑。

这就是我的学姐的故事，也是对"为什么她这么优雅"这类问题的最佳回答。每次看见学姐轻盈又优雅的背影，我知道，是生活让她如此轻盈，如此优雅。因为，在我们眼里，生活只是生活，可对她而言，生活却是，摔倒后，地上还有一根棒棒糖。

学会柔软，学会放过自己

好朋友小易三个月前去了一家久负盛名的快消公司上班，既然是久负盛名，自然期待很高，能成为其中的一员，每天都欢天喜地。可没过多久，我发现她每天发出的微博都显得疲惫不堪，困难重重，每天都在给自己打鸡血般的鼓励自己。我们聊过很多次，她跟我讲了很多故事来表达自己的不习惯和不认同。

起初，我拿出我的鸡血大法来鼓励她，改变自身，适应环境，开放心态，投入到新的环境中去，坚持坚持再坚持，挺住挺住再挺住。这是我一贯认同的做法，搞不定的就更要冲上去，克服困难才是人生进步的标志，可事情似乎变得越来越糟糕。

我仔细的想了很久，她没什么大问题，但小问题不断，而这些小问题大多由于性格或者思维方式不同造成的，仅仅是不同，并没有什么好与坏的差别。可很多时候，缘分不是好坏能决定的，而是气场。就好像两个年轻人恋爱，没有感觉并非谁是坏人，只是不合适而已。

可大多数时候，我们都不会这么想，而会觉得是自己不够强。在做决定的时候，我们都会小心翼翼，但一旦做出了决定，就一定要让这个决定变成绝对正确的，不愿意承认失败。我收到过很多网友的来信，一半讲自己的现状，问应该做如何的决定；一半讲自己做决定之后的现状，问要坚持多久才能看到结果，以及还要不要坚持下去。如果是以前，我会很斩钉截铁地说："您这才坚持了多久？"就想看到结果？可小易的事儿让我开始思考，在一条错误的道路上，或者说，一条让自己哪里都不舒服的路上坚持下去，并不是一件美好的事儿。

我第一次跟小易说："不如放弃吧，这家公司固然好，可是如果这样下去，你没有时间跟男友安心看电影，没有时间回家跟父母一起吃个晚饭，甚至每一天都要过的小心谨慎。不能说工作一定要给你每时每刻的快乐，但如果让你每时每刻都不舒服，如果这一切不是因为你不够努力，而是因为你们在性格和思维上的不合，那就永远不会有快乐。"

那几天，我一直都被这件事所萦绕，甚至是困惑。我不知如何去分辨是不够努力，还是思维上的不合？或许，这只是一种感觉。有时候我们经过努力得到了一个特别珍贵的机会，就觉得自己已经拥有了它，因此会格外坚持，绝不放过自己。我前老板曾经说过一句话："人的第六感觉很灵的，当你觉得心里不舒服或者哪里不对的时候，那就一定是有不对的地方。"一份工作无法时时刻刻给我们骄傲、快乐和成就感，但如果是无论如何努力都很不舒服，或许，这就是应该放过自己的征兆。

小易辞职了，本来还担心下一份工作什么时候能找到，万一时间久了找不到那在北京的生活如何维持。可是就在她辞职后的一星期，男友说："我喜欢现在开心快乐没有负担的你，我宁可你就是个普通的女孩子，而不是一个每天都抑郁焦虑为未来担忧的睡不着觉的职场女强人。"那天，男友向她求婚了。现在的小易还没有开始上班，而是在全心全意的准备婚礼。人生，开始向她展开新的画面。

其实我很感谢小易，感谢她改变了我的想法，让我学会放过自己。很多时候，我们都在逼迫自己，逼自己做好做完美，而为自己一点点小错自责不已；逼自己成为一个人人都喜欢的那种外向开朗人见人爱的样子，而为自己的内向和不善言谈而不知所措；逼自己成长为那种西装笔挺坐头等舱住五星酒店的成功人士的样子，而为自己目前还蜗居在乱糟糟的合租房里日子焦虑抑郁。我们都每时每刻都在逼自己成为另一个自己不认识的自己，到头来根本不知道自己想要什么，因为我们的内心早已变得坚硬不已。

小易的事情之后，我在生活和工作上也面临了很多选择，简单的困难的，顺利的麻烦的。如果在以前，遇到简单和顺利的事情会自信心爆棚，而遇到困难和麻烦的事情会焦躁和埋怨为什么是自己。可这一次，面对眼前的任何选项，我开始变得淡然。顺利的要做得更好，有麻烦的正好来锻炼自己。世间每件事的发生都是会让自己更加强大而成熟，世间的每个选择都没有好坏，每条路上都有不同风景，关键是自己将要怀着如何的心情去接受生活所要给予的机会与爱。让生命变得柔软一点，不要一味地用世俗的标准来指引自己。

感谢小易，让我学会柔软，以及放过自己。

怎样才算是完美的人生

茶水间里的姑娘们热闹讨论：什么样的女人才能拥有完美人生？当她们看到我，一个鸡汤作者，难得闲着的时候，便围过来，要求我讲故事做论述——女人到底要怎样，才能成为全垒打的人生大赢家？

今天的故事，就是这么开始的。

从前，有两个姑娘，过着截然不同的生活。

其中一个，20岁嫁给王子，那么年轻，面容美得像雕塑，在婚礼上，她穿着有7。6米的超长裙摆和蓬松廓型的塔夫绸婚纱，缓缓走进圣保罗大教堂，几乎是全世界女人羡慕的对象。

她第二年就生下王位继承人，不像日本那个倒霉的雅子王妃，总被全国人民关注什么时候生儿子，更顺利的是，结婚第三年她成为第二个王子的妈妈，给王位上了双保险。

她住在华丽的宫殿，24岁就出色完成了合格王后一生的使命：结婚、生子、出席各种仪式和活动；她光彩照人，每一件被她穿过的衣服都会成为新一季的流行；她借助自己的知名度和影响力关注慈善，被看作真正的人道主义者，得到大众的尊敬。

看上去，她是个多么完美而走运的女人。

另外那个姑娘，就没那么幸运了。

她从小父母离异，过着沉默、羞涩的童年，在姐姐和弟弟之间当夹心饼干。

这个渴望爱与安全的巨蟹座女人，20岁嫁给比自己大13岁的一点也不英俊的男人，这男人不到40岁就开始秃顶，可笑的是，这个秃顶老男人还不怎么爱她，他爱一个比自己妻子年长14岁，比自己还大1岁的不漂亮的老女人，于是，这段婚姻里总是挤着三个人。

　　落寞中，她爱上别的男人，先后有过7个情人，她对每一个都投注了爱情，给他们写情书送礼物，可是，没有一个修成正果，他们中至少有两个把她的隐私卖给媒体，甚至无耻地说"给我10万英镑，告诉你发生的一切"。

　　她得过产后抑郁症、厌食症，难过的时候用小刀割自己的腿和胳膊自残；当她离婚后终于遇到可以结婚的人，生命却终结在1997年8月31日，因为一场意外的车祸，那时，她只有36岁。

　　看上去，这是个多么遗憾和不幸的女人。

　　可是，这两个女人却是同一个人，她们的名字都叫戴安娜·斯宾塞。

　　这两个版本的故事，传奇王妃和失婚妇女，哪一个才是真实的生活，哪一个才是真实的女人？不管你觉得两个故事的落差有多么巨大，可以确定的是，它们都没有撒谎，它们都展示了这个女人生活中不同的侧面，所以，什么样的人生才叫完美呢？

　　每个人都为这个世界留下了破绽。

　　"女神"，只是个向往性的称谓，毫无漏洞的完美女神几乎不存在于现实世界，一个看上去特别无憾的人，往往有两种可能：

　　第一，你跟ta没熟到那个份上，不了解ta的真实与无奈。

　　第二，Ta花了很多工夫矫正自己的缺憾，并且善于展示自我的长处，优点的光彩掩盖了弱点的阴影，呈现出没有漏洞的表象——对，是表象不是假象，不是所有好看的东西都是假的，更不是所有看上去完美的人都心存欺骗，常常是我们自己眼力不够，无法刺穿真相的外壳。

　　所以，你不觉得"人生大赢家"是个虚幻的词汇吗？怎样才叫赢家？赢到什么程度才算最终胜利，而不仅仅是阶段性成功？

　　女孩都羡慕没有漏洞的人生，可生活却是一台电脑，不断需要升级打怪。女人有必要活得那么严丝合缝追求完美吗？外表越接近圆满，越有人好奇这张漂亮的画皮下究竟隐藏着什么，特别想窥探华丽皮袍下藏着的那个不可告人的"小"，人性深处的善良，能让陌生人之间产生温暖与互助；可是，人性内里的局促，同样让熟悉的人相杀相妒。

　　有一种关心，叫知道你过得好我就开心了；可是，还有一种关心，叫看到你过得不好我就放心了。

两种关心，都很真实，甚至，可以同时施用于同一个对象。

不同的眼光和角度，决定了不同的结论，而每个人，都在用自己的眼光解构别人的生活。

我第一次去巴黎，看到卢浮宫里那三个镇馆之宝的女神——维纳斯、胜利女神和蒙娜丽莎，解说员开玩笑说，这是三个残缺的女人：维纳斯断了胳膊，胜利女神连头都没有，至于神秘的蒙娜丽莎的微笑，更加众说纷纭，有人说她丧子之痛连眉毛都脱落了，有人说她丧夫之后情绪抑郁，还有专家在她莫测的微笑里研究出患有面瘫和强迫性磨牙等多种疾病。

听到这儿，我就笑了，即便女神，都至少露了一个破绽给世界，何况我们这些凡俗的女人。

那么，究竟有没有完美的女神呢？

或许，一个有点小毛病的快乐女人，一个即便有遗憾却努力生活的女人，一个虽然冒着烟火气却踏实向前走的女人，才是真实而温暖的存在。

那张戴安娜在泰姬陵前的照片，是她最打动我的瞬间，照片拍摄于1992年2月11日，她在自己的婚姻里挣扎而痛苦，独自坐在泰姬陵前，红色的身影和白色的建筑反差强烈，她自己无奈的婚姻和泰姬陵背后动人的爱情故事对比鲜明，她脸上没有飞扬的神采，只有一个普通女人发自内心的落寞。

我们往往只看见了别人微笑的样子，却忘记了她们忧伤的时候。

我讲完，姑娘们就沉默地散了，喝咖啡、吃零食、逛淘宝，这日子怎么不完美了呢？

做一个不磨叽的人

[1. 不磨叽,是时间管理的最大利器]

很多人问,你究竟是怎么做时间管理的?其实对于时间管理来讲,任何的技巧和方法都比不上三个字:不!墨!迹!不墨迹的意思,就是做事不拖拖拉拉,想到事情立刻去做。比如说想要去学车,赶紧找驾校马上报名,最快一个月就能拿到驾照(我用了十天)。

想报个培训班,在网上寻找一下大概对比一下,看看网评,就去预约试听课现场考察,用不了三天就能选择完毕。很多人会在这些事情上来来回回的墨迹,一会儿考虑距离远,一会儿考虑交钱多,一会儿问东问西看看别人的评价如何,大家你说一句我再推荐一个,几个回合下来三四个月过去了,而自己还是原地踏步,什么进步都没有,只剩下捶胸顿足,唉声叹气。

[2. 不磨叽,还是一种人生态度]

你以为不墨迹仅仅是时间管理的问题吗?其实不墨迹更多的是一种性格,一种状态,一种人生态度。如果你是个凡事特别磨叽,干什么都来来回回畏首畏尾的,说实话,你的人生也就现在这样的,也不用幻想什么伟大的成功还是英雄般的人生了。

我经常收到很多网友的来信,其实信中都没什么大事儿,都是生活中的一些小事儿。比如说,同宿舍女生谁跟我关系好,谁跟我关系不好该怎么办?同事下班没让我蹭她车回家是什么意思?也许这些事儿对你很重要,但如果你的时间精力都花费在这些鸡毛蒜皮还无解的小事儿上,你哪还有时间精力去做些更重要的事呢?

我有一个大学同学跟我说过一句话:"如果我们生活中都是一些很大、很重要的事情,可能我们根本就没有时间去想那些小事儿。正是因为我们生活里没大事儿,才会在小事儿上叽叽歪歪。"这句话我一直记到现在。人年轻的时候总会觉得自己拥有一腔宏伟报复,想要做大事儿,但为什么天永远都不降大任于自己呢。但你有没有想过,如果生活中鸡毛蒜皮的小事你都处理不好,就算天降大任到你身上,也只能砸死你,绝不会让你乱世成英雄。

[3. 不磨叽,让你能更加专注]

不墨迹,就会让你有更多大脑空白的时间,也会让你做事更加专注。其实很多人时间规划不好的重要原因都是不专注。给孩子做饭的时候想着刚才那件衣服还没有买,到底该不该买呢?买东西的时候在考虑今天该不该去驾校给自己报个名?好不容易在驾校报了名,每天上课都在想,时间都用来练车了,家里一堆家务活儿还没干呢。如此下来,你的脑子每天都是思维涣散的,做A想B,做B担心C,结果没一件事做好,甚至还需要重新做。

[4. 如何改变磨叽的性格状态]

那么你可能要问,如果自己的生活很平淡,确实没有发生过什么大事,或者说自己就是个磨叽人,到底该如何锻炼自己或者改善自己的这种磨叽性格呢?我推荐的方法就是:阅读名人传记。每一本名人传记都能给你展现一个名人伟大的一生,你可以从中看到,当他们在人生中遇到困难,无论大事小事,都是如何思考,如何做决策,如何坚持,如何克服困难的?他们的人生中也曾有很多很多的失败和沮丧,有些很严重,比如进了监狱、被公众误会等等,这些巨大的困难,他们又是如何挺过来的呢?读读别人的故事,再设身处地地思考一下自己的想法,你会发现自己生活中遇到那些事儿哪还算个什么事儿啊。

如果你觉得自己是有点自命不凡的人，如果你觉得自己应该比现在过得更好一点，如果你觉得自己应该是个做大事的人，那么，读点名人传记，让自己具备点大将风范。每时每刻都要觉得，自己是要做大事的人，因此别老在小事上磨磨叽叽，别老在鸡毛蒜皮上没完没了。当你真的脱离了这种会拖延你时间和生活态度的心态，你才可能去专注做更多的事，也才可能开始取得一点点自己过去得不到的成就感。

否则，你的人生都会在无限蹉跎中慢慢度过，到头来时间空流水，你什么都没有得到。唉声叹气什么用的没有，你只能靠看一些励志文章聊以自慰，并眼睁睁地看着别人跑得越来越快，你连他们的脚后跟都看不见了。

成功的路上没有捷径

在寻找成功的路上本就没有什么捷径，唯有为失败画一个圆满的句号。

我没有任何成功的秘诀，有的尽是失败的经验。所以我一直认为，或许自己只是比别人更幸运，能够将失败坚持到底。

成功的路上没有捷径

"嘿！下了班干什么去？""当然是回家看《龙门镖局》！"随着电视剧《龙门镖局》的热播，下班回家看《龙门镖局》一时间成了很多人的习惯。该剧编剧宁财神，原名陈万宁，人们都称赞他是名副其实的"财神爷"。然而大多数人并不知道，在"财神爷"成功光辉的背后，却有着历经事业失败甚至一无所有的故事。而正是在失败中不断地坚持，才造就了今天的"财神爷"。

大学学金融的陈万宁，刚毕业时的工作是期货交易。这与他的网名"宁财神"挺相配，亲戚朋友都羡慕他有一份好赚钱的工作。但是他对于写作更感兴趣，还在天涯社区做了网络写手。渐渐地，他每天在网上写东西花费的精力越来越多。其他人都说他不务正业，劝他放弃写作，他反而有了要当编剧的梦想。于是，他做了让大家更吃惊的决定：改行写电视剧本。这个决定得到了几个相熟的网络写手的积极响应。几天后，他们租了房间当工作室，开始埋头创作。

他们创作出了第一部剧本，并满怀信心地投稿，然而却如石沉大海。多次打听后，只等来这样一句评价：水平太差，懒得去评价。他们又尝试了几次投稿，最后都被拒绝。于是有人打起退堂鼓，并劝陈万宁放弃算了。最后大家都失望地离开，留下付出一切却啥也没得到的陈万宁。

工作没了，收入断了，剧本创作又失败，陈万宁的积蓄也已经花得七七八八。为了能继续坚持写作，他退掉租的房子，搬进狭小黑暗的地下室。他又买了整箱的方便面，啃着方便面继续写作。天天吃方便面的感觉很痛苦，一天，他忍不住出门去餐馆吃饭。餐馆老板递给他一份菜单说："这几样是本店的特色菜，尝尝看？"他看了下价钱，脸色稍变说道：

"不用了，我想吃点简单的。"于是老板翻到后面说："那来碗牛筋面吧，配一份抓饼，味道非常好！怎么样？"他苦着脸想："唉，又是面条！可是只有面食最便宜，现在不省钱以后恐怕要饿肚子了。"于是他点了一碗价格便宜的刀削面。朋友们得知他竟快要吃不起饭都来劝他放弃，他还是顽固地坚持着。

又经历了几次失败后，陈万宁编写的一些剧本开始被采纳，但依然名不见经传。直到2006年，他创作的《武林外传》获得成功，人们开始知道了宁财神。初尝成功滋味的陈万宁没有停下前进的脚步。在继续创作了多部作品后，2013年，《龙门镖局》终于又引爆了收视热潮。

《龙门镖局》引起很多人对"财神爷"的兴趣，经常有记者在采访中追问他成功的秘诀，他总是微笑地回答："我没有任何成功的秘诀，有的尽是失败的经验。所以我一直认为，或许自己只是比别人更幸运，能够将失败坚持到底。"

其实，在寻找成功的路上本就没有什么捷径，唯有为失败画一个圆满的句号。

把成功放在第二位

在为自己的人生确立目标时,第一目标应该是优秀,成功最多只是第二目标,不妨把它当作优秀的副产品。现在的情况正相反,人们都太看重成功,不是第一目标,几乎是唯一目标,根本不把优秀当回事。可是,我敢断定,没有优秀,所谓的成功一定是渺小的,非常表面的,甚至是虚假的成功。

我说的优秀,就是我一直所强调的,要让老天赋予你的各种精神能力得到很好的生长,智、情、德全面发展,拥有自由的头脑、丰富的心灵和高贵的灵魂,这样你就是一个在人性意义上的优秀的人,同时你也就有了享受人生主要的、高级的、幸福的能力。

为什么要把优秀放在第一位,把成功放在第二位呢?

首先,优秀是你自己可以把握的,成功却不然。我们说的成功,一般是指外在的成功,就是你在社会上是否得到承认,承认的程度有多高,最后无非落实为名利二字,外在的成功是用名利来衡量的。这个意义上的成功,取决于许多外部的因素,包括环境、人际关系、机遇等等,自己是很难把握的。一个人把自己不能支配的事情当作人生的主要目标,甚至唯一目标,我觉得特别傻,而且很痛苦,也许最后什么也得不到。荀子说得好:"君子敬其在己者,不慕其在天者。"你自己能支配的事情你要好好努力,由老天决定的事情你就不要去瞎想了。尽你所能地成为一个优秀的人,把你身上的人性禀赋发展得好一些,这是你能够做主的,你把功夫下在这里就行了。至于优秀了怎么样,有没有机会让你的优秀得到展现,顺其自然就可以了,最多适当留心就可以了。这样来定位,你的心态就会非常好。你的力气花在了优秀上,这个力气是不会白花的。你把外在的成功看作副产品，在那上面没花多少力气，那么，这些名啊利啊，如果你得到了，当然很好，对于你是意外的收获，你比那些孜孜以求才得到的人快乐多了。如果没有得到呢，也没什么，反正你在那上面没花力气，种瓜得瓜，不种就没得，很公平嘛。

其次，如果你真正成为一个优秀的人，而在社会的意义上并不成功，我认为你的人生仍然是充满意义的，在人性完善、自我实现的意义上你是成功的。在历史上，有相当一些优秀的人，比如有些创作了伟大作品的艺术家、作家，生前很不成功，他们的名声是死后才到来的。他们在贫困和默默无闻中度过了创造的一生，和那些一时走红的名利之徒相比，谁的人生更有价值、更成功？历史已经做出了结论，我们每个人凭良知也可以做出结论。一个不求优秀的人，一个心智平庸的人，如果他又把外在的成功看得很重，就只能是靠庸俗的手段，工于心计，巴结奉承。最后，他即使得到了一点所谓的成功，当个小官呀，发点小财呀，在素质类似的一伙人中比较吃得开呀，在那里沾沾自喜，可是你站在上面俯看他一眼，他真是个可怜虫，他的人生毫无价值，他的人生是失败的。

最后，我相信，在开放社会里，一个优秀的人迟早有机会获得成功的，而且一旦得到，就是真正的成功，是社会承认、自己内心也认可的成功，是自我实现和社会贡献的统一。

决不放弃 1% 的可能

1857年，年仅20岁的约翰·皮尔庞特·摩根从德国哥廷根大学毕业，进入邓肯商行工作。

一天，他从古巴采购海鲜归来，途经新奥尔良码头，突然有一位陌生人从后面拍了拍他的肩膀，问道："先生，想买咖啡吗？我有现货，可以半价卖给您。"

"半价？什么咖啡？"摩根惊疑地盯着陌生人。"是的。"陌生人指着停在港口的一艘货船说道，"我是那艘货船的船长，受一位美国商人委托到巴西运回了一船咖啡，谁知刚到这儿，他却破产了。我现在急着回巴西，如果您能买下这批货，等于救了我，我情愿半价出售。但是，我要现金。"

摩根上船看了咖啡样品，的确是一批好咖啡，而且价钱又如此便宜，是个赚钱好机会。只是，自己身无分文，怎么和人家做生意呢？

摩根不愿意就此轻易放弃。他经过一番深思熟虑之后，决定冒险以邓肯商行的名义买下这船咖啡。但是，电报发回公司之后，邓肯商行的回电却冰冷无情："决不允许用公司的名义做交易，否则，后果自负！"

尽管如此，摩根还是决定拿下这笔生意。这时，他想到了自己的父亲，一个平日常常教育孩子不要放弃任何一个机会的人。当他带着咖啡样品到新奥尔良所有与他父亲有联系的客户那儿推销时，人们都劝他要谨慎行事："价钱虽然很便宜，但舱内咖啡是否与样品一致则很难说。"甚至有商界权威警告他，在咖啡市场如此疲软的前提下，这笔生意赚钱的可能性只有1%。然而，摩根坚持自己的判断，巴西船长是个可信的人，即使是1%的可能也绝不放弃。

不管人们是怎样的担心，老摩根还是毫不犹豫地支持了儿子的行动：

动用自己所有的关系为儿子筹到了这笔资金。摩根为此十分兴奋，索性大干一番，在巴西船长的引荐下，他又买下了其他船上的咖啡。

事实证明，摩根的冒险是成功的，就在他买下这批咖啡不久，巴西便出现了严寒天气，咖啡大面积减产，价格一下子猛涨了3倍，摩根因此大赚了一笔。

就因为这次大胆的交易，大家对摩根刮目相看。后来，摩根办起了属于自己的商行，使他得以施展自己的才华，这为他以后成为美国金融巨头打下了坚实的基础。

即使只有1%的可能，也不要轻言放弃。因为在很多时候，1%的可能之中往往就蕴藏着100%的成功。

给自己 99 分

他从小就有个理想，就是做玉雕师傅，把那些最不起眼的石头雕刻成精美的工艺品。

1958年，他有幸进到玉雕厂。第一天上班，他看到师傅们正打着赤膊站在一块大石头前汗流浃背地打磨，他于是明白，做玉雕不单单是专注地雕刻那么简单，而是需要体力与脑力的结合。他心里暗暗发誓，要做就做到最好，终有一天，要雕出众人瞩目的作品。

3年后，他出师了，考级作品，他用尽了全身的心力，雕出了一件精美绝伦的无可挑剔的作品。好些高级工艺师围着他的作品微微笑着，看得出来非常满意。他很自信地期待着评委们打出全场的最高分——满分，可是分数打出来，却只有99分。他很气愤地质问评委：明明可以打100分，为什么要扣掉我1分？

面对他的质疑，评委们却心平气和地微笑着。最后一个高级工艺师，终于忍不住对他说：扣掉你1分，是为了你好！为我好？他很不解，继续追问。人家告诉他，只有99分，你还有前进的余地，要是给你100分的满分，你就走到尽头了，明天也就根本没有希望了。

他突然恍然大悟，原来如此，人只有不满足现状才能不断地进步。从此，他不再沾沾自喜，也不再自以为是，而是更加积极地投身工作。虽然前辈们的优秀作品早已经深深地印入他的脑海，但他并不局限于那些已经定好的条条框框，而是推陈出新，勇于开拓和创造，执着地走更加艰辛的探索与创作之路。

他永远记得那位工艺师说过的话：给自己99分，才有进步和希望。俗话说，有志者，事竟成；苦心人，天不负。30岁那年，他终于凭借自己的真才实干，进入国家顶级玉雕大师的行列。

他就是国家工艺美术大师李博生，他的许多作品，都被作为国宝级礼品送给尊贵的外宾。他的玛瑙作品《无量寿佛》获得过中国工艺美术百花奖金杯奖。

李博生说，人要活得有激情，有动力，就要为自己找一个值得追求的目标。

时间冠军

小时候，马卡罗夫总喜欢坐在光影浮动的海边，看一艘艘轮船在湛蓝的海面上来回穿梭，激荡起一道道绚烂美丽的浪花。那些威武壮观的巨轮深深地吸引了他，他多么希望自己将来也能够成为一名工程师，建造出更多更大的轮船。

他出生在乌克兰一个叫敖德萨的海港。得天独厚的环境，为他实现梦想打下了良好的基础。人们常常看见，每逢巨轮出港时，顽皮的小马卡罗夫总是挥舞着稚嫩的双臂，在美丽的海边，奋力不停地向前奔跑，奔跑。然而却很少有人知道，他是在追赶那蓝色大海里的轮船，那是他梦想的方向。有了梦想，他就有了动力，进入学校以后，他如饥似渴地学习文化知识，以优异的成绩从大学毕业。1958年，他如愿进入了前苏联的黑海造船厂。他特别珍惜这个来之不易的机会，每天拼命地工作，将全身心都投入到了造船事业上，他总是能超前完成任务。由于工作能力突出，很快他就当上了组装车间的主任。

他工作的年代正值前苏联与美国争霸最激烈的时期，苏联意欲称霸五大洋，于是就大力发展海军事业。因此，很多重大的造船工作就落到了黑海造船厂的头上，其中最引人注目的是"库兹涅佐夫"号和"瓦良格"号航空母舰都将在此建造。

当大家都在为这一喜讯而欢呼时，马卡罗夫的心里却陡然沉重了许多，因为老厂长甘科维奇刚找他谈过话，并将这一高难度的任务交给了他。他明白自己肩上的担子有多重。要承建大型的航母，船厂就必须对船坞生产设施进行全面改造，同时又不能影响船厂现有的工作秩序。这就要求他必须运用自己的智慧和时间赛跑，且必须要赢得胜利。

1976年10月，马卡罗夫被任命为黑海造船厂总工程师，全面主持船厂工作。过去厂区内面积最大的0号船坞采用的是"分段式装配造船法"，只能在一条船造好离开后，才能建造下一条船，严重制约了生产的效率。几经考察后，马卡罗夫从芬兰科尼公司买回了两座起重能力超强的天车，将船坞内所有的平台打造成了一条流水线。有了这两部超级天车，超大型造船组件就可以通过天车进行传送，从而使大型航母舰艇实现了流水线生产，大大节省了建造时间，一下子将船坞的使用效率提高了好几倍。

　　3年后，工作能力极为出色的马卡罗夫被任命为黑海造船厂厂长，自此，航母建造工作也进入了快车道，黑海造船厂成为全苏联乃至全欧洲最忙碌的造船基地。他对造船的所有环节都了如指掌，对待工作的要求更是严格至极，绝不允许有丝毫的差错，为此他辞退了许多工作不力的部门领导和工人，也得罪了一大批人。尤其令人叹服的是，航母的总段与总段间的对接缝线有500多米长，施工难度极大，但马卡罗夫和造船的工匠们考虑极为周全，他们竟然将对接缝净尺寸精确到了0.1毫米，这在当时可以说是一个奇迹！

　　在建造"库兹涅佐夫"号航母时，航母上有将近3600间舱室，且各个舱室均布满了极为复杂的电缆和设备，如果把每间舱室都检查一遍，需要花费60多个小时的时间。每天早上，马卡罗夫6点开始办公，用半小时处理文件，然后召集车间主任和建造师们，监督检查重点舱室。8点左右召开现场会，就现场发现的问题或疏漏进行问责追查，并提出整改措施。因此，厂里的所有人都把他的视察路线命名为"马卡罗夫大道"，并尊称他为"时间冠军"。那一刻，每个人的心中都充满敬畏，这条"大道"上流淌着的是一丝不苟的严谨，一种时间高效安排的智慧以及对国家的高度忠诚。

　　苏联解体后，几经改名的"库兹涅佐夫"号航母被海军开走了，尚未完工的"瓦良格"号也被遗弃在厂区。心力交瘁的马卡罗夫退休后，搬到了离船厂不远的地方住下来，每天都满怀深情地看着那艘曾倾注了自己毕生心血的"瓦良格"号……

　　2000年6月14日，是马卡罗夫最为难忘的一天，已经拆卸一空的"瓦良格"号即将远赴遥远的中国。他拖着病重的身体，站在家门前，遥望着"瓦良格"号，一时间禁不住泪流满面。两年以后，马卡罗夫怀着深深的遗憾，寂然地离开了人世。

莎士比亚说："不管饕餮的时间怎样吞噬着一切，我们都要在这一息尚存的时候，努力博取我们的声誉，使时间的镰刀不能伤害我们。"无疑，马卡罗夫做到了，尽管带有一丝遗憾，但他不愧是一名真正的"时间冠军"。

别在职场做植物人

掐指一算,自毕业后踏入职场竟有十年之久,这十年,总记得初涉职场时老师的临别赠言:别做职场植物人。

当时不明白,现在细细想来却发现,无论你在哪家企业,周围往往会有职场植物人。他们或有背景,或家底丰厚,裁员是裁不到他们头上的,即便失业也不是什么了不起的大事,所以,他们对待工作异常麻木。

而我,有一段时间,也成了职场植物人。那是刚毕业的时候,整整三个月,工作仍然没有着落。正当我躲在房间长吁短叹的时候,表哥来探望爸妈,笑着说:"到我那里去上班吧,我公司虽然不大,但养她还是没问题的。"我便"厚颜无耻"地被表哥"养"着,什么也不用做,只需要天天去打卡签到,家里有事,还可以早退。起初我挺开心的,都说职场惊险,我的生活怎么像海子的诗里面所说的"面朝大海,春暖花开"呢?

好日子只维持了三个月。一个周末表嫂来家里串门,见到我惊讶地说:"你表哥不是说单位挺忙的,所有人都周末加班吗?不但这样,他这段时间晚上都很晚回来呢。"我说:"没有啊,我每天都准时回家。"

不料,晚上老爸狠狠地斥责了我一顿。原来,我说者无心,表嫂却是听者有意,以为表哥在外面有人了,回家找表哥闹去了。事实上,确实是公司事多,表嫂到公司去查,确实有一大帮人在加班。"我怎么不知道啊?"我惊讶不已。老爸叹了一口气说:"表哥说你刚毕业,什么也不懂,其他人知道你们的关系,更不会叫你做事了。"

那一夜,我睡不着,想起了老师的赠言,不曾想我现在真的变成了一个"职场植物人",什么也不干,什么也干不了,还可笑地信奉"平平淡淡才是真"。

　　第二天，我给表哥打了个电话，除了感谢他的照顾之外，我真诚地辞去了工作。我告诉表哥，不管我以后是否有成就，都应该趁着年轻有所追求，有所拼搏。表哥只说了一句："你长大了，恭喜你！"

　　那一刻，我才终于明白了职场的真谛所在——别做职场植物人，人在职场，需要成长。

一碗牛肉面的管理哲学

我跟朋友在路边一个不起眼的小店里吃面,和小老板聊了会儿。他曾经辉煌过,于兰州拉面最红的时候在闹市口开了家拉面馆,日进斗金啊!后来却不做了。朋友心存疑虑地问他为什么。

"现在的人贼着呢!"老板说,"我当时雇了个会做拉面的师傅,但在工资上总也谈不拢。"

"开始的时候是按销售量分成的,一碗面给他5毛的提成,经过一段时间,他发现客人越多他的收入也越多,这样一来他就在每碗里放超量的牛肉来吸引回头客。一碗面才四块,本来就靠个薄利多销,他每碗多放几片牛肉我还赚哪门子啊!"

"后来看看这样不行,钱全被他赚去了!就换了种分配方式,给他每月发固定工资,工资给高点也无所谓,因为客多客少和他的收入没关系。"

"但你猜怎么着?"老板有点激动了,"他在每碗里都少放许多牛肉,把客人都赶走了!""这是为什么?"现在开始轮到我们激动了。"牛肉的分量少,顾客就不满意,回头客就少,生意肯定就清淡,他才不管赚不赚钱呢,他拿固定的工钱巴不得天天没客人才清闲呢!"

是啊,就这个小小牛肉面的故事,却反映出了一个小企业管理中的种种问题。

首先就是一个关于大师傅激励的问题。可以根据每碗面的顾客可接受效用制定一个材料定额,大师傅的工资还是按照销售量提成,但是前提是月度的材料消耗不得偏离定额太多,否则只有基本工资。或者说每碗面规定需要添加的牛肉克数,一批牛肉的总量是固定的,拉面的卖出量是可以计算的,多少碗面放多少斤牛肉限定住了,还是底薪加提成工资,老板自己心里得算清楚一碗面的成本是多少，利润是多少。如果牛肉放多了，客户多了，以牛肉最大量为定量，以面条量为变量，控制一下放面条的多少使自己还有利润可赚，这个就得有一个取值的过程了！

其次，有工作程序、定额消耗以及制度规范，可以没有书面东西，但老板必须心中有数才行。对这个小老板的拉面店来说，其实就是师傅以技术入股的方式和老板利润分配，两个人合伙做，费用两个人摊，进行规范化管理。在工作程序上，比如制定，包括面条的量，水的量，肉的量等明确规定，制造方法，工艺也请大师傅标准化；在定额消耗上，也与上述的激励密切相连；薪水报酬上，参考社会上的平均工资和本店的盈利水平，结合师傅的劳动量、劳动结果（营业额的增加降低、顾客的反馈等）进行综合评定。

此外，将复杂的事情简单化：让老板娘放牛肉不就得了？关键的资源一定要掌握在关键的人手里！关键资源才是最重要的。老板掌握了店面的所有权，才可能有大师傅为他打工；老板娘掌握了牛肉的分发权，才有可能防止材料的浪费和滥用。

另外，在作坊式的小企业里，老板与员工每天有大量时间接触，关系是否和谐非常重要。

通过以上分析，我认为应该是这样的：

1.底薪加提成，提高积极性；

2.不能把全线流程的权力都下放给大师傅，比如加牛肉；

3.建立有效的制度，包括奖赏和惩罚，制度根据顾客的满意程度和利润来建立；

4.大师傅的工资提成不能只和销量挂钩，应该和老板的利润挂钩，比如一碗面中老板利润的30%是大师傅的利润；

5.有效的沟通、激励，平时给大师傅精神的奖励，让大师傅认为自己也是面馆的主人。

与面试官过招

大学毕业那年，班里不少人参加了世界500强外企QT的笔试，意外的是只有我一个人误打误撞通过。没有任何面试经验的我一下子慌了。

室友晓含热心地张罗："我有个朋友是去年进QT的，要不我给你打听一下？"

晓含的这个朋友叫苏。她给我提供了一条有价值的信息：QT面试的重点是考察一个人是否具备它所看中的一系列素质。因此，我需要做的事情就是事先准备一堆例子，来证明自己就是他们要找的人。

但苏在电话里对我并不是太热情。据她后来解释，是因为太多像我这样的嫩瓜跟她咨询怎么进QT的事，但大多数人都是瞎折腾，根本考不上。苏这么认为是有原因的。记得当她告诉我要准备例子的时候，我的第一反应是："他们怎么知道这些例子是不是真的呢？"苏在电话那边没准在想：晓含怎么介绍了这么一个不上路的家伙？她是这么回答的："理论上你可以编造例子，但要把阅人无数的面试官骗倒绝非易事。"

所以关键问题是：怎么编才能编得像真的一样。我自己给出的答案是：所有例子都应该是真实的，都是看见过或者听说过的事，我只需要把主角换成自己。更重要的是，这个事还不能太有名，我可以把大学社团里发生过的一些事情都觍着脸说成自己做的。反正我参加过无数的社团，没见过猪跑，猪肉肯定是吃过的。

第一轮面试开始了。"请给我一个例子说明你解决问题的能力？"

我心里大喜，果然跟苏说的一样。"我在学生会的公关部担任过干事。有一次我们想组织几个学生一起弄个辩论赛，我和另外两个同学负责找企业拉赞助。我们自己跑了好几个企业，累得半死，只拿到了500块钱

（这是真的）。后来我想，这实在不太靠谱，应该换个思路。我们应该先找电视台，联合举办这个活动。电视台有很多广告客户，只要电视台愿意合办这个活动，赞助的事自然而然地就能让他们负责解决了（真相是，想出这个主意的人已经出国了。在找到那500块钱之后，我就因为忙着考试不再管这件事）。"

"最后你们拿到了多少赞助？"

"具体的数字我不太清楚，因为电视台不愿意告诉我们。但我们需要的全部活动费用都由广告商支付了，我们的目的达到了（这个结果也是真的）。"

就用这样的办法，我非常短平快地把大部分问题都搞定了。三个面试官中有两个明显对我很满意，另一个面无表情，有点看不透。

"你在大学里犯过什么样的错误，或者说你最感到遗憾的事情是什么？"果然，这个还没被搞定的家伙突然开始发难。

我没想到会碰到这样的问题，苏没告诉我。但我本能地觉得这个问题简直就是个陷阱，因为它让你自曝弱点。我像一休哥一样飞快地转动脑筋琢磨对策。一方面，这个错误千万不能碰到死穴，不能跟他们最在乎的那几项素质有牵连；另一方面，又不能说自己没有缺陷。所以对待这样的问题，你要透露的是那些无关痛痒的小弱点。

我是这样回答的："因为在大学里我忙着参加各种社会工作，花了自己很多的时间精力，所以我在班上的成绩并不是最拔尖的。"我知道QT对学习成绩的要求并不苛刻，它的录取条件是只要排名前四分之一就可以了。然后我又做出很遗憾的样子："如果时光倒流，我希望能花更多的时间在功课上。"这一次，最后一个考官也点头了。

那一刻，我突然觉得面试的过程有点像武侠小说中的短兵相接。它考验的是对待敌人的各路拳脚如何能一招一招地破解，并且永远不要露出破绽。

为什么跳槽

苏彦和洪涛是大学同学，二人读的都是三流院校的冷门专业，毕业后也都面临着求职的难题。因为深知工作难找，同专业的许多同学在几经周折求职成功后都对来之不易的工作倍加珍惜，只求稳妥地做下去，如果不出什么意外，绝不肯轻易离职。唯独苏彦和洪涛是例外。

刚毕业时，苏洪二人都应聘做了业务员，此后就开始马不停蹄地换工作，其间做得最久的工作也不超过半年，最短的只有一个月。同学们都戏称二人为"职场浪子"。没想到四五年过去了，二人的身份却有了戏剧性的转变：苏彦成为一家知名企业的培训主管，月薪已经过万，而洪涛却依旧在业务员岗位上混日子，赚来的工资仅能维持温饱。每次同学聚会，洪涛就忍不住抱怨一番，感叹际遇的不公平。

不久前，两人同去参加一位同学的婚礼。酒过三巡之后，洪涛就开始拽着苏彦大发牢骚，他盯着苏彦的名牌西装酸溜溜地说："哥们儿混得不错呀，跳了这么多次槽终于找到了好去处，现在活得这么滋润，我呢就比较背运，换了这么多次工作，就从没遇到过好老板！你说人和人的际遇咋就差别那么大呢……"

苏彦只是礼貌地微笑着，等洪涛絮叨完，他才拍拍洪涛的肩膀，问他："你跳槽是为了什么？"

"那还用说，肯定是为了争取好点的待遇呗……谁不想找份干活少、赚钱多的工作呀，要不是看到别的公司开出的工资比较高，我干吗换来换去找那个麻烦。你换工作，不也是这个原因吗？"洪涛不满地嘟囔道。

"待遇并不是我换工作的主要原因，我跳槽，主要是为了学到更多的东西。"苏彦解释道。他告诉洪涛，刚毕业时，他的确只想找一份赖以生存的工作，因为没什么资历，只好暂时做了业务员。可是工作一段时间之后，他发现自己并不适合这种性质的工作，也很难从枯燥的业务中学到什么，于是刚过了试用期，他就主动跳槽到了另外一家公司，做的是仓库保管员的工作。

在工作过程中，苏彦初步学习了一些管理知识，并利用空余时间帮人力资源部的同事整理材料。在此过程中，苏彦掌握了招聘、档案管理和考勤记录的大致流程，并学会了使用各类办公软件。于是不久后他跳槽到了另一家公司做人资专员，负责一些琐碎的行政事务。

经过一段时间的工作和学习，苏彦对人力资源部的工作和分工有了更详细的了解，并对部门内部的培训工作发生了兴趣，于是他开始在工作之余了解一些有关培训的事宜，并协助培训专员们整理员工的培训档案，制作新员工培训方案，并寻找机会同公司的培训讲师们进行接触，留意他们的讲课内容与风格。

几个月后，苏彦又换了一家公司从事培训专员的工作，在此期间内，他经常观摩培训讲师们授课过程，并悉心向他们请教，业余时间，他还找来大量视频进行揣摩，努力练习讲课，并学会了制作各类动态课件。

接下来，苏彦再次辞职了，跑去一家新公司应聘培训讲师，凭借出色的口才和讲课能力，他顺利被录取了，并在那家公司工作了半年，后来被另一家企业的老总看中，重金聘了过去，负责给员工们做企业文化和职业规划的培训……

就这样，在一次又一次跳槽的过程中，苏彦以最快的速度汲取养料，向自己的目标前进，最终坐上了培训总监的位子。在此过程中，他关注的最多的不是新公司的待遇如何，而是新的职位能不能为自己提供更多的学习机会和提升空间。正因为如此，他每次跳槽都收获颇多。

苏彦还告诉洪涛，自己十分喜欢现在的工作，也对现有的工作氛围十分满意，为了长久的职业生涯打算，自己决定短期内不再跳槽了，而是专心将手底的工作做好，与企业共同成长。

听了苏彦的解释，洪涛十分汗颜，他想到自己屡次换工作，只是为了寻求更高的工资，却忽略了个人的长远发展，不由得悔恨起来，这才明白，同是跳槽，苏彦跳得比自己高明多了。

小雪情

日本熊本县阿苏市以生产草莓而著称,可是近几年该地区草莓价格低迷,莓农们花了很多气力和时间,却拿不到可观的收入。

阿苏市有一位普通的高中生,他家世代以种草莓为生。一天正午,他又去给爸爸妈妈送盒饭,温暖明净的大棚里,弥漫着早春泥土的芬芳。草莓株壮叶茂,在高高隆起的畦背上,伸枝展臂,秀出鲜红丰美的果实,不少又开出了白色小花,长势格外喜人。本来这是件高兴的事,可是爸爸一边打理莓枝,一边黯然地抱怨:"今年咱们的红艳和杏香,卖价又不怎么样!""可不是吗?这样的草莓遍地都是,人们看腻了,也吃腻了。再这样下去,我们要改行做其他生意了!"妈妈长长地叹了口气。看到爸爸妈妈愁眉不展,乡亲们为衣食而忧,他的心被深深刺痛。他决心要用学到的知识,研制一种性能更优良、卖价更好的草莓,让父母和乡亲们过上好日子。

可是,从何处下手呢?一个阳光普照的春日午后,独自走在青青的田野上,他心事重重。小时候他一不开心,外公就牵着他的小手带他到这儿散步,给他讲一些新鲜事,总会引得他遐思纷飞。

猛然间,他想起,外公曾经给他讲过,在他们这个地方,曾经有很多自然野生的白草莓,草莓繁盛到"走错路都是"。那时,小孩子去采草莓都是拿着瓢,三五成群地坐在阳光下的田野里吃饱后,再摘满满一瓢白草莓带给家里人吃。因为是野生的完全成熟的白草莓,口感出奇的好。有时候,采到完全成熟的白草莓也要看运气,因为,那甜中略带酸的味道,小鸟和虫子同样很喜欢吃。只是后来,农村和山林被开发,白草莓被误认为是杂草,彻底铲除尽净。

红草莓固然喜气，但人们已经没有什么新鲜感，如果研发一种白草莓，和红草莓混搭放到卖场不是更好吗？

接下来的业余时间，他大部分时间，都在莓棚里度过。他认真观察草莓的色泽和果形，用卷尺量着垄距和棵距，拿出小本子记录。有时，半夜醒来，灵光乍现，他拿起手机给草莓pose拍照。

与草莓相伴的4年时光浸润，终于，草莓的红晕在他的精心栽培下，淡淡褪去，呈现圣洁的白色，他的心也染上了草莓的清香。本岁年初，一款名叫"阿苏的小雪"的白草莓在日本华堂、吉之岛等大型超市炫亮登场，特别拉风。白草莓较之红草莓更为香气浓郁、口感甜润。白草莓1000日元一颗，相当于78元人民币。阿苏系列中，包装精美的"最萌草莓伴侣"由大粒红色9粒与白色6粒组合，红色草莓红艳丰满，白色草莓清雅俊秀。相偎相依，像一对甜蜜的伴侣，抓人眼球，每盒620元人民币。面对如此令人咂舌的价格，"白草莓"和"最萌草莓伴侣"竟然很快就卖到脱销。白草莓尤其受到新婚男女的钟爱，他们认为：白色代表纯洁，用白草莓，在神圣的结婚典礼上当作礼品，赠送给亲朋好友，是再美妙不过的礼物。

阿苏市的那位普通高中生，就是这款白草莓的发明者，此时他正在和爸爸妈妈，在草莓畦间开心地采摘白草莓。当然他们已从生存的困境中走出，赚得盆满钵满，并且福泽乡里。面对媒体采访，他淡淡一笑，露出两颗洁白的小虎牙，他恳请记者隐匿他的姓名。他说他爱白草莓的纯洁无瑕，爱爸爸妈妈、乡里乡亲，他更爱自己的家乡阿苏市。他要把"阿苏的小雪"这份成果和荣誉，送给生他养他的家乡，日本熊本县阿苏市。

的确，他是谁并不重要。关键在于"阿苏的小雪"告诉我们：有爱就有纯情，有纯情就有热爱，有热爱就有创新，有创新就有赚不完的财富。

用爱心创造名牌

萨尔花巨资引进了当今世界上最先进的保温涂料生产技术，但产品出来后，由于其优越性尚未被世人所知，所以一直没有打开销路。萨尔为自己的产品打不开销路而急得团团转。这天，他突然接到一个求货电话。

萨尔正为自己的产品打不开市场而发愁，接了电话后二话没说，立刻按照对方的要求备货装车。为了确保客户满意，以便尽快扩大自己产品的影响，萨尔亲自押车向约克镇进发。

令萨尔没有料到的是，装满保温涂料的卡车行驶了一天后，傍晚突然遭遇暴风雪的袭击，前面的道路已经被深深掩埋。无奈之下，萨尔只得让司机把车停了下来。两人正要拿出食品充饥，忽然隐约听到前面传来呼救声。

萨尔打开车门仔细聆听，呼救声越发清晰。犹豫了一下，萨尔还是和司机循声找了过去。不大一会儿工夫，他俩终于在一个山坳里发现了一群乘客。上前询问得知，原来他们乘坐的中巴车先是因为暴风雪而翻下了路沟，后来大家好不容易从路沟里爬了出来，可没想到又遭遇一伙骑马的劫匪。这些劫匪把乘客的财物洗劫一空后，临走还把乘客的棉衣棉裤以及棉鞋帽子也掳了去。

看着这群被冻得瑟瑟发抖的乘客，萨尔赶紧带领他们来到自己的卡车跟前，这里眼下可以说是最理想的地方了。萨尔掏出手机和救援中心联系，把他们的不幸遭遇告诉对方，请求立即救援。可对方告诉萨尔，就目前情况来看，救援人员最快也得15小时后才能赶到……

为了鼓励大家坚持下去，司机把带来的那些食品和饮料分发给大家。分发完毕，他望着卡车上的保温涂料，突然灵机一动对萨尔说："我找到办法了！用车上的保温涂料御寒，一定能保住大家的性命！"

萨尔听后也觉得这是眼下最好的办法。他的保温涂料里面含有世界上最先进的保温材质，只要涂在铁管子上面有三厘米的厚度，就能使管子里的水在零下50摄氏度的低温中保持不结冰。如果现在把这些涂料涂在人体上，一定能使这些穿着单薄的男女乘客坚持到救援人员赶来，但这样的话，萨尔可能会失去目前唯一的用户……

什么都没有生命重要！萨尔最终还是告诉大家，他要用自己的这车保温涂料来救大家的性命。

萨尔和司机指导大家把保温涂料兑制到一块，然后教大家往身上涂抹。大家依靠这些涂料御寒，在坚持了17个小时后，终于奇迹般获救。

萨尔用保温涂料救助人们安全脱险的事迹成了一大奇闻，由于媒体争相报道，立即在当地引起了轰动。

而更令萨尔意外的是，他的保温涂料也一夜之间家喻户晓，成了当地的名牌。以前门庭冷落的涂料厂，现在门庭若市、订单雪片般不停地飞来……

后来，那些被救人员找到萨尔向他表示感谢，乘客们激动地对萨尔说："你的爱心和善举创造了名牌，也成就了自己的财富梦想！"

闭口做事

"开口埋怨,不如闭口做事。"不是名人名言,而是一个普通父亲对儿子的训导。但是,因为这句训导,这位普通父亲却造就了一个名人儿子。这位普通父亲造就的名人儿子,叫张明正。

张明正出身贫寒,读书时成绩差,常挨老师批评。高中毕业,张明正连普通大学的分数线都没上。高考成绩出来后,平时开口怨这怨那的张明正,不从自身找原因,而是不停地埋怨自己家庭条件不好、埋怨父母没有给他创造良好的学习环境。

平时,张明正埋怨的时候,父亲认为的确是自己无能,没有给儿子铺平人生的道路。因此,父亲总是耐心地教育张明正要凭借自己的努力去改变现实,不要像他一样一辈子碌碌无为。这次,父亲却愤怒了:"张明正,我人生的失败是我无能!你的失败,该你自己担当责任!你这样永无休止地开口埋怨,不如闭口做事!"一向温厚的父亲,愤怒的爆发,把他震呆了,也震醒了。从此,张明正不再埋怨,补习一年后考上了中国台湾辅仁大学应用数学系。

从此,张明正不再患得患失、不再埋怨出身贫寒、不再埋怨世道不公,而是勇于应付困境,开始用"开口埋怨不如闭口做事"的态度对待自己的人生。张明正认识到了自己出身贫寒、输在了起跑线上,但要改变结局,唯一的办法就是咬牙在人生的跑道上拼命奔跑,而不是开口埋怨起跑太迟。

张明正大学毕业后,经过努力,创办了自己的公司。他在自己切身体验的基础上,把他"开口埋怨不如闭口做事"作为公司的文化理念,在员工中推广,令他的公司很快壮大了起来。就这样,他凭借着"开口埋怨不如闭口做事"的实干精神，在商海一路飞奔，冲刺到了今天的全球高科技行业，并成了此行业的领军人物。

张明正在短短的10多年内，以5000美元在洛杉矶创业，几经沉浮，如今经营着世界上最大的单一软件公司——趋势科技公司。该公司市值达70亿美元，被权威杂志评为全球前100名最热门上市公司之一，张明正也连续两年被美国《商业周刊》推选为"亚洲之星"。

"开口埋怨不如闭口做事"，说起来容易，要一生中做到却很难。因为人生的过程，就是一个遭遇挫折的过程。我们大多数人在遭遇挫折的时候，免不了埋怨。只有少数人把挫折当成了成功的垫脚石，把埋怨的精力用在了克服挫折上。最后，他们成功了。

如果你想成功，请你别开口埋怨。只要把"埋怨情绪"的"负能量"，转化为"踏实做事"的"正能量"，你一定会克服困难，走出自己的成功之路。

成功到底是什么

前段时间网上流传着这样一个段子:"考清华→努力学习→找工作→挣钱→娶媳妇→生娃→考清华,梦想总结的清华男的一生"。这与放牛娃相似的命运循环,正在不断上演。只是这一次的选择,不再是因为目光狭隘,而是社会价值观的单一。

人们对梦想与成功的追求,是生活不变的主题,并且现在全社会对成功有统一、清晰的认定,不升官发财,就扬名立万,这样才叫成功。在这样的期待下,无论个人喜好与自身特点,每个人都背上了十字架,在这条路上挤来挤去。而全社会这样同质化的目标、单一的价值观,必然导致只有PK胜利的人才能获得成功,也就是说,必然有一部分人的中国梦回破碎。就像一个人被迫拿起剑与他人决斗,无论他是文人还是骑术的高下,他不得不挥舞胳膊,因为只有冒死一搏才有生存的希望。而在我看来,这种PK是可以避免并且应该避免的,只有价值观更为多元。开放,人们才会发现"条条大路通罗马",并且,除了罗马,别的地方也有好风景。

小时候,我们的梦想很单纯,想当老师、警察、明星、画家、科学家,甚至清洁工;长大之后,我们不会将一份卑微、低薪、不稳定的、没有保障的职业当梦想。每个人都被社会对成功的单一认知,捆绑到追求光鲜亮丽的道路上。当北大的毕业生开店卖猪肉,只有当了千万富翁才能够得到大众的支持和认可,才能"不觉得快乐,也不觉得不快乐";当人们只关注银行里的存款、微博的粉丝数量,而不关心个人心灵的充实或虚空时,或许只有努力"考清华→努力学习→找工作→挣钱→娶媳妇→生娃→考清华",才是最稳妥的生存方式。因为这毕竟是社会普遍定义、认可的成功。但是"清华",这成功的园地,永远只能对少数人开放,于是,便有大量的梦想像肥皂泡似的破灭了。

  当我们不再追求单一价值观下的成功，当我们能够有追求自己的梦想的自由，当我们不再为了找个好工作非得上名牌大学，当我们不再需要为了到达更高的社会位置而放弃自己的爱好，当我们看到清洁员或其他卑微的工作不再觉得嫌弃，而是以平等的姿态看待的时候，当所有的梦想、所有的社会位置，都能平等、公开地竞争，我们的中国梦才有最广泛、最大实现的可能。

创造自己的机会

阿曼达·霍金是美国明尼苏达州奥斯汀市的一位女孩,她自幼拥有讲故事的天赋。学会写字后,霍金就开始写故事,立志成为一名作家。

霍金喜欢独处,不爱说话,所以朋友不多。从小学开始,当她的同学利用业余时间游玩或举行派对的时候,她总是一个人待在教室或家里默默地写作,有同学嘲笑她是个"木头人",她不以为然。在上小学和初中的8年时间里,霍金写满了10多个又大又厚的笔记本。她曾将自己认为写得很好的故事投给了报社,但一篇也没能发表。在父母的鼓励下,她仍旧笔耕不辍。

读高中时,霍金完成了她的第一部小说,并信心满满地将小说邮寄给了50家出版社,结果没有一家愿意出版,这令她沮丧不已。就在霍金打算放弃的时候,她在书上看到了自己的偶像——美国著名歌手马克·霍普斯鼓励年轻人的一句话:"为了成功,多么执着都不过分!"这句话使她重新找回了奋斗的勇气。

高中毕业后,霍金进入一家社区大学读书,没念两年她就因父亲失业而辍学了。她先到一家餐厅洗盘子,后来又在残疾人之家当护工,月薪只有1500美元。拮据的生活并没有挡住她追求理想的脚步,工作之余,霍金用辛辛苦苦攒下的钱报了几个写作班,系统学习了写作理论。她还走访各大书店,阅读了大量的畅销书,以此来了解它们之所以畅销的原因。

经过深入分析,霍金发现爱情是文学作品永恒的主题,而吸血鬼、巨兽和僵尸等题材则是目前流行的元素。据此,她确定了自己新的写作方向,打算把各种"时髦"的元素都融进自己的作品里。霍金为自己列出了详细的写作计划,每天下班后,她都要写作到深夜。不到一年的时间，霍金创作出了6部小说，当她将这些作品邮寄给多家出版社后，还是石沉大海。

2010年4月，霍金在网上浏览新闻时，发现互联网上兴起了"自我出版"的热潮。所谓"自我出版"，是作者不通过传统出版系统发行自己的书，同时负责编辑、设计、定价等所有环节。这让霍金眼前一亮，于是，她运用网络数字出版系统制作了4部精美的电子书，并将之陆续上传到了亚马逊网上书店。

由于对自己的作品不够自信，同时也出于吸引读者的考虑，霍金将每本书定为0.99美元的超低价，而亚马逊网上书店的其他书，标价通常是每本9.99美元。喜爱吸血鬼、巨兽和僵尸等题材的读者，在亚马逊上搜寻这方面的小说时，一看霍金的小说定价才0.99美元，顿时就被吸引住了，试读后感觉不错便下载到了自己的阅读器里。读者阅读完霍金的一部小说后，感觉很合口味，于是就将她的其他小说给"包圆儿"了。

就这样，6个月过后，薄利竟然滚成了巨款，她的账户赚进了20多万美元。一年半后，霍金共售出100多万本电子书，收入高达200多万美元，而她也成了为数不多的在亚马逊上销售图书超过100万册的著名作家。《纽约时报》称她为继斯蒂芬妮·梅尔（吸血鬼小说《暮光之城》的作者）和J·K·罗琳（《哈利·波特》的作者）之后最令人激动的作家。

霍金在接受《纽约时报》专访时说："很多时候，当别人不给我们机会时，我们要学会自己创造机会。"

背熟自己的台词

为了提高工作效率,很多数据是一定要牢记的。

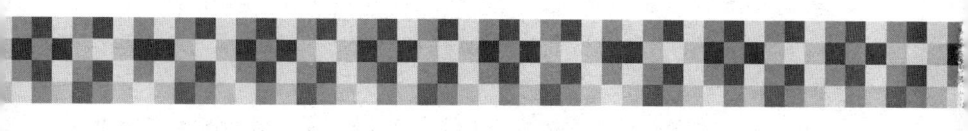

自己每天上班的同时,其实也是公司的一个演员,如果是这样,那么,是演员,不熟悉最最基本的台词,那怎么可以呢?

推好这辆"独轮车"

进入职场两年了,赵刚越来越感觉困惑:在职场上,如果工作成绩不好,单位里上上下下都瞧不起你,觉得你没有能耐。但是,如果你拼着力气争口气把工作做得非常优异了,出类拔萃了,你好不容易扬眉吐气了,好不容易可以直起腰说话了,结果,又惹得一些人嫉妒你,然后就是说风凉话,就是疏远你,甚至是结成同盟在工作上刁难你、对付你。不管工作干得好还是坏,在单位里都不会得到大家的欢迎。这样的事情弄得赵刚非常郁闷,一肚子的委屈。

听完赵刚的诉苦,爷爷哈哈大笑:"其实,这个事情非常好解决。19世纪50年代的农村有种独轮小车非常普遍。这样的小车因为就一个轮子,车上装满东西后推着行走不容易把握平衡。推这种小车有种诀窍,乡亲们把这种独轮车称呼为'扭屁股车',顾名思义,推稳这种独轮车关键是'扭胯'。推这种车行走其实就是一路上'扭'着走。就是小车车头向左拐的时候,推车人向右边扭胯;小车的车头向右边拐的时候,推车人身子向左边扭胯,这样,就可以达到小车的平衡。那时候汽车非常少,路上安全,推小车都是在路上这么不断地扭来扭去的行走。如果直直地走,不但推着非常费力,并且还不容易把握小车的平衡,小车会经常歪倒在地甚至会翻车。其实,你刚才说的职场上的事情和推独轮小车是一样的道理,关键是把握好平衡……"

听了爷爷的话,赵刚恍然大悟。从此,工作中,赵刚尽力地工作,力争把工作尽心干好,当工作成绩做得好的时候,赵刚的态度"反方向扭",不是随着业绩的好就眉开眼笑、扬眉吐气,因为那样会让人反感。好成绩面前,他变得非常低调非常谦逊,别人酸溜溜地夸奖两句,赵刚立刻说："承蒙大家帮助，我在工作上才取得这些成绩的……"

职场上对待出类拔萃的人，同事的心态一般是比较矛盾的，就是既佩服又嫉妒。但是，工作成绩好的时候，当事人为人谦虚谨慎，大家也就不好意思挑他的毛病了，也就没有讽刺、挖苦、刁难的理由了，剩下的只是佩服和羡慕。如果因为工作状态不好或者偶然的失误造成某阶段工作成绩不好，赵刚反而表现得很有斗志，这样的斗志让别人看了，内心很是佩服，觉得此人真是铁打的意志，不能小瞧。慢慢地，赵刚在职场上行走得很"平衡"，与同事的关系相处得也非常和谐。

在职场上成绩好的时候，不要随之得意；业绩不好的时候，不要随之泄气。也就是像推独轮车那样，推车人"扭胯"要与车头的方向相反，这样，才能在职场上行走得稳健，走得更远更长久。

小生意的温情牌

妻子下岗后不甘沉寂，到处找项目创业。巧的是，楼下那家老乡开的小超市又要转手。经过几天考察，妻子对我说，想把它接下来。

我每天从那儿过来过去，目睹了它的兴衰，店主就换了三茬。老乡也好心劝她，周围商铺多，竞争激烈，一定要考虑清楚。房东也觉得这门面是块"烫手的山芋"，怕我们反悔，每月门面费又降低了二百元，但签约时租金须交满一年。

妻子对店子的管理进行了分工，我工作之余负责进货，双休和下班后帮忙守店，还聘请了身体尚可的岳父和岳母来当助理。我们在这个老社区生活了几十年，街坊邻里都熟。开张以后，妻子按优惠价处理了所有的库存品，熟人都来捧场。热闹过后，生意归于平寂。

那天，妻子眼珠滴溜一转，叫我买两张小桌子和几把结实的小靠背椅来。我问有何用，妻子笑答，要我按要求做，这个店能不能做得下去，成败在此一举。

从此，妻子不在店里理货，而是坐那儿"漫不经心"地择菜。一会儿提着东西的婆婆过来，妻子热情招呼她歇歇脚；还有嫂子本来就跟她熟，见她不忙，也把菜拿这儿来择，边理菜边聊天，店门口顿时热闹起来。妻子从不跟人说生意上的事，聊着聊着，她们说以后胡椒味精盐香皂洗衣粉啤酒香烟等啥的就在这儿买吧！反正总是要的，不如送你个人情。妻子不动声色，把她们常买的牌子和期待价都记清楚了，有针对性地进货，稳住了部分顾客。

妻子还在桌子边摆了旺销的报纸和流行杂志，买不买都行，可以随便看。还有小同学放学早，喜欢趴在这儿做作业，家长们也放心。妻子还准备了一大桶茶和一次性杯子，谁都可以免费喝。赶上下雨，妻子会给路人借把伞，还不还的也没放心上。

以后，店门前出现了这样的景象：早上是一拨又一拨来择菜的婆婆嫂子，下午是一帮棋友和围观者，晚一点又聚着小朋友和家长。好多人觉得妻子随和热心，与谁都谈得来，出于面子或感激就买些东西。谁喜欢买什么妻子早已了然于心，没等他们开口就送到手里来了。

妻子悄悄给我算了一笔账，每月有近三千元的盈利。至此，我方才醒悟，妻子摆出的小桌子拢得了顾客的心，彼此没有距离，双方达成了默契。温暖了别人，也成全了自己。

幸好电视机坏了

大学一毕业，我就到南京找男友云了。

云的表舅在南京有家公司，他毕业后一直在那儿工作，每个月拿1000出头的工资打发日子。我自己找了家小小的文化公司，也是每个月1000元的微薄收入，算是高高兴兴上班了。

从此，我和云便开始了看似快活的生活。每天下班后相拥着坐在租来的小屋里看电视，从下午六点的新闻到晚上十点多结束的黄金剧场再到深夜的午夜剧场。每天持续六七个小时，我们斜靠在廉价的充气塑胶沙发上，随着荧屏嬉笑哀乐，全身心地感受着荧屏上他人生活的丰富多彩。周末的时候，就牵手去逛大卖场，拎回二三十元一件的衣服以及其他便宜的物品。眼见身边的人买房买车时也会有一时的失落，遭遇权贵人士的冷眼也会一时激动感伤，感慨过后日子依旧。

就这样，我们的生活无声地流逝了两年。

那天晚上，正当我们深深沉醉于电视剧离奇曲折的情节时，那台来自跳蚤市场的17英寸老式彩电突然"嘶"地喘息一声，然后是一圈白光挣扎着晃了晃——它寿终正寝了。我和云四目相觑，屋里难得的沉寂。我突然觉得整个人虚飘飘空落落的，对面的老式三门柜镜中是两张麻木、呆滞的面孔。

我逃避似的捡起一本旧杂志翻了起来，那天晚上，我读了两篇小说，两篇散文；云则总结了我们两年来的存款——168.6元。

第二天下班后，我读了卡夫卡的两个短篇和张爱玲的三篇散文，写了一篇500字的读书笔记；云看了两份报纸后跟我说："从这个月开始我们存一个人的工资到银行吧。"

第五天晚上，我写了一篇小小说投稿到晚报；云去图书馆听了一个关于市场营销的讲座。

第六天是周末，我们去了图书馆和书城，办了两张借书证，买了几本经济和文学方面的书。

第七天是周日，我在家看书、写稿；云则在精读《做一个成功的业务员》。

两个月后，我们的存折上有了3000元，我们没有去买电视机，而是买了一辆电动自行车。

接下来，我报考了英语补习班；云则找了一份业务员的兼职工作。

半年后，我在报纸上发表了20多篇文章；云跑成了第一笔业务，并且拿到了1600元的提成。

一年后，我发表了100多篇文章，跳槽到了一家规模不小的广告公司做了杂志编辑和策划，工资是原先的三倍；云又跑成了六笔业务。

两年后，我做了杂志的主编，有多家报刊约我写稿；云注册了一家广告公司并开始良好运转。

今天上午，我们拿到了位于城中理想地带的新房钥匙，下午，我开始构思一个长篇；云计划年底把公司的注册资金由50万元升为500万元。

今天，恰好是我毕业第四年的最后一天。我们俩的这四年，被分为截然不同的两个两年。转变似乎是因为那台电视机的彻底罢工，可我明白，真正的质变是因为我们的醒悟。

生活中有太多暂时的诱惑，也许是没完没了的电视节目，也许是刺激过瘾的电脑游戏，又或者是输赢无常的麻将……它们一点点侵蚀着我们的时间，让我们沉迷其中。这些诱惑让蓬勃朝气的生命一点点走向颓废，如同慢性毒药，渗透麻痹我们的思想。

不要等到电视机坏了才开始慌乱，早一点叫醒自己，为明天描绘一幅美好的人生蓝图，并为之奋斗吧！

修炼成一块金子

一位小老乡刚从医学院毕业，希望我能介绍他认识一下安泰。安泰是我的朋友，也是全市著名外科专家，小老乡想结识他的意思，不言自明。向安泰说明来意后，安泰不置可否，和我聊起了他的成长故事。

当初，他是全村唯一一个考入县重点中学的。临行前，父亲对他说："你就要和城里的孩子在一起读书了，他们有的家里有钱，有的父母当官，就算考不上大学，要么可以做生意，要么可以谋个差事，而你，只有考上大学。"安泰点点头，父亲又补充一句："当然，家里的田我也会给你留着。"经过三年的寒窗苦读，安泰终于如愿以偿，考上了一所医学院。

安泰是带着天之骄子的豪情踏上列车的。然而，真正融入大学生活，他才发现，在这个偌大的城市里，自己显得更加渺小。身边的同学，家里可能更有钱，父母的权势可能更大，如他这般的贫寒子弟，除了专业成绩略好，其他几个一无是处。毕业前夕，求职大战也随即展开，一些同学陆续被大医院、大公司相中，谋得了令人艳羡的职位，而安泰尽管一再降低标准，却始终是棵无人问津的小草。安泰终于明白，此时此刻，起决定因素的是每个人背后的东西，自己没有背景，注定没有出路。安泰变得有些颓废，怨恨、愤怒挂满心头。一天，他在操场乱逛，偶遇一位老教授，教授听闻他的遭遇，说了这样一句话："不可否认，我们这个社会因为关系和人情的存在导致了一些不公。因为不公，有人明明是铁，却获得了金子的机会。但你要记住，只要你是金子，就一定会有人愿意帮你找到属于自己的机会。等到金子和废铁站在同一平台时，贵贱高下立刻分明。"安泰想了一夜，反复自问："你是金子吗？"天明时分，他得出结论："我充其量只是块好铁！"

安泰不想生锈，于是考研。三年读研的岁月里，他不敢有丝毫懈怠，埋头钻研专业理论，紧跟医学前沿。研三那年，发生了一件令他难以释怀的事情。三年来，安泰跟着导师鞍前马后，没有功劳也有苦劳，算是积累了一定的私人感情。安泰想继续深造，最好是读院长的博士，数次给导师暗示，希望他能助自己一臂之力。不曾想，关键时刻，导师投了陌生人一票。起初，安泰倒也能说服自己，也许此人关系背景深厚，导师迫于压力才不得已为之。后来一打听，这个小伙子竟然与导师素不相识，而且跟自己一样出身农家，仅凭一纸自荐书就打动了导师。安泰不服，千方百计地找到那份自荐书，打开一看，释然了。这家伙是医学、哲学双料硕士，在国际权威医科杂志发表过论文，曾获得过国家级的技术进步奖……安泰明白，人家才是金子，自己最多算是银子。

安泰继续奋发，读博期间，他多年的努力渐渐获得回报，在高水准刊物发表论文，荣获国家级医学奖，被电视台医学栏目特邀为嘉宾……在一次学术研讨会上，他新颖奇特的医学理念吸引了众多大牌专家的目光，主持人甚至赞其为医学"奇葩"。

博士毕业的时候，安泰依然有些忐忑，毕竟自己仍然是无关系无背景的人物。他没想到，导师、系主任、院长竟然纷纷利用关系推荐他。本市最牛的一家医院科主任亲自约见他，一番交谈下来，许诺说："我一定向院长力荐你。"安泰有些懵，这家医院，曾经是他做梦都不敢想的神圣殿堂，门外不知有多少医学高才生想往里挤。"我与您素不相识，为什么得到您如此厚爱？"安泰小心地问。"因为你值，值得我去推荐、帮助！"科主任爽快地答。

当安泰以重点人才的身份被引进这家医院时，他惊奇地发现，这里有他的本科同学。这些同学当年依靠父母的关系挤了进来，多年后依然是边缘角色，而他俨然将是中流砥柱。

跟我回顾这段往事时，安泰深有感触地说："差铁与好铁在一起的时候，会有一些因素导致不公，但铁与金子在一起的时候，想不公都难，因为金子的光辉足以扳倒铁的背景。"

在"人情说""背景说"甚嚣尘上的当下，我想，我该把安泰的故事写下来，让更多像我小老乡一样的年轻人看看，或许会对他们有所启迪。

微笑的包装纸

奈美每次经过这家店的门口，都忍不住想进去吃汉堡，特别是和男友一起路过的时候。这样说并不夸张，奈美并非很饿，只是想尝尝汉堡的味道，然而这样小小的心愿却也是很难达成的。

按理说，这家店的选址还算不错，整条街虽然不是特别的繁华，但人流也不少。可是，生意越来越不景气，店内十分冷清。

问题究竟出在哪里？是这家店的服务不好，还是口味有问题呢？其实，原因不在别处，而在于日本的一个餐桌礼仪习俗。

在日本，他们自诩是很讲究礼仪的国家，对于女人而言，这些礼仪要求有些苛刻。普遍认为樱桃小嘴是美丽和端庄的代名词，而嘴大则代表了丑陋和粗鄙。所以很多女孩，不愿在公共场合张着一张大大的嘴吃汉堡，这样既显得自己没有"素养"，又很难看。

这是导致这家汉堡店生意不好的直接原因，究竟要用什么方法才能扭转局势呢？

在经过一致协商后，他们聘请了Dentsu East Japan公司，对方策划出了一种叫作The Liberation Wrapper的包装纸，这张纸上印着一个女孩微微不露齿的美丽笑颜。别小看了这张纸，正是因为有了这张纸，女孩子们才可以大胆地用它包着汉堡放心地吃呢，因为那张纸挡住了自己那胡吃海塞一般的嘴。

这样的一个习俗，让曾经多少路过店门而又想进去的女孩望而却步呢？Dentsu East Japan公司的这张包装纸，真是一个完美的创意。它不仅仅让这些女孩不再受习俗的限制，还扭转了这家店的局势。据连锁店说，他们一月的营业额就足足攀升了213%。

现在，奈美终于可以和她男友一起去这家汉堡店吃汉堡了，可以想象，她吃的是多么的开心呢。

他把月亮给卖了

人人都知道,"天上掉馅饼"是荒唐的幻想,但美国人霍普居然把天上的月亮做成了"大馅饼",正在全世界公开销售,着实发了一笔猛财呢。

霍普现年57岁,美国加州人。当年,霍普一行人到中国旅游,正赶上中国的传统节日中秋节,一边赏月一边吃着中国传统工艺制作的月饼,同伴感叹道:"这真是天上掉下的馅饼啊,味道好极了!"听着同伴的感叹,霍普脑子里灵光一闪,突发奇想:为什么不能把天上的月亮也做成"月饼"呢?它的"馅"不就是人们渴求的土地吗?

回国后,他首先在网上搜寻了相关法律,发现这些法律只约束各国不得将外太空占为己有,但没有明文规定私人不得买卖外太空地产。于是,他跑到旧金山市政府,注册了"月球大使馆"公司,并开设了"月球地主俱乐部"网站,专做售卖月球土地的营生。他借助媒体开始了声势浩大的宣传活动,打出的广告语也颇为诱人:"你想吃天上的馅饼吗?你想拥有更多的朋友吗?请加入我们的'月球地主俱乐部'!"

他们以1英亩19.99美元的价格兜售月球上的土地,到现在已经卖出6亿多英亩,占月球总面积的7.5%。每一个购买月球土地的人,霍普公司都会煞有介事地颁发一份精美的月球地产证明书。证书上附有详细地图,标明土地的位置、经纬度数据等。美国前总统里根、卡特,以及众多好莱坞影星都通过这家公司成了月球土地的拥有者。凡月球土地拥有者自然成为"月球地主俱乐部"成员,参加定期举办的各种活动。

不料前不久,霍普收到了法院的传票,有人认为宇宙必须向全人类自由开放,任何人都不能据为己有,从中谋利。所以,他们以霍普涉嫌商业欺诈,把他告上了法庭。

在法庭上,控辩双方激烈交锋,起诉方指出:"根据国际法,取得土地所有权必须先占有和实际控制,属于自己合法权利所及。""霍普靠自己的异想天开,钻法律的空子,用想象将月球据为己有,做成了牟利的'馅饼',所以'月球大使馆'公司没有月球的合法所有权。""将没有所有权的东西出售是一种商业欺诈行为,公司的买卖是非法和无效的。"

霍普方辩称:"根据联合国《外层空间条约》,该条约只规定国家不能将太空的一部分占为己有,但对于个人却没有规定,按司法惯例,法无禁止即为许可。""'月球大使馆'与客户在自愿、平等的基础上签订买卖合同,是双方真实的意思表示,因此是合法有效的。""我们没有隐瞒事实,构不成欺诈;从社会的角度,我们在用市场的方式做一种快乐的科普,让人们更加关注月球,关注宇宙科学。""月球地产证明书不过是一个代表愿景、成就的符号。"

主审法官摇着头说:"这的确让人头疼,公司和买主的行为是一个愿打,一个愿挨,属于两厢情愿。购买者心知肚明,并没有被误导产生错误的意思表示。再说,霍普公司的所有营业证照都是齐全的,所以难以判定是否构成欺诈。"

难题交给了陪审团,陪审团通过讨论,最终做出裁决:"月球土地对于地球人来说,它是一件介于虚拟与现实之间的'特殊物品',正因为它虚拟,我们无权也无法对此种买卖加以限制和谴责,正因为他有趋近现实的无限可能性,能给人以不尽的遐想,它是为有梦想、有品位的人提供的,目的是给他们带来'浪漫'和'希望',并不实际承诺一定实现什么。这是营销创意,双方各取所需,让地球上的普通人也为飞天欢欣娱乐一把未尝不可。所以,公司不存在欺诈,经营可以继续。"

出了法庭,霍普走在阳光下,不禁想起了太阳系中另外几颗行星,这时一位记者走上来,拍着霍普的肩膀说:"亲爱的霍普先生,你的'馅饼'还可越做越多啊,我现在正在注册太阳,到时我将向你合法收取光照烘烤费哟,若你拒绝,我将让你再一次成为被告。"霍普回头一笑:"是吗?那我就注册宇宙,到时,你得向我支付一大笔空间使用费呢!"

我为什么没有拿到 offer

李璞璘的简历堪称完美。

这个土生土长的武汉女孩,一直非常努力,从小学到高中,成绩一直名列前茅,顺利考入武汉大学,然后又考入中国人民大学读研究生,拿到硕士学位。不仅如此,她还有着非常耀眼的实习经历,著名的英特尔和宝马公司就曾留下她的足迹。

所以,李璞璘觉得,找份工作对她来说根本就是小菜一碟。她万万没有想到,拿着王牌简历的她却一次又一次地遭遇失败。

李璞璘第一次应聘的岗位是国内一家知名互联网企业的HR,本来志在必得,没想到,最后却名落孙山。她很不服气,追问原因,招聘人员很不客气地说:"你优秀,别人比你更优秀!"

第一次失败的求职经历让她不再眼高于顶,一个月后,她参加了某国际知名能源外资企业的应聘。这一次,她有些提心吊胆,好在,一层又一层的面试她都顺利通过,本来以为这次成功在握,没想到,最后公司只录取了三名男生。

她先后参加了20多场应聘,入围最终面试的就有8次,但遗憾的是,每一次满怀希望,又每一次失望而归。这其中,遭遇过性别歧视,遭遇过潜规则,堪称一部求职血泪史。

可是,李璞璘没有被这些失败的求职经历打倒,而是不断地总结经验,并把它们一条条地记录下来,希望有朝一日能够胜利翻盘。

1. 最终面试每个人的整体素质不会差太多,那么到底谁被录,除了看各自临场发挥好坏,也可能会拼硬件。即使专业知识和实习经历过硬,也不能在自己的简历上有硬伤。

2. 如果没有被录取，也不要就简单拜拜，记得请教面试官：面试中你存在哪些问题，有哪些优势，为什么拒绝你。这是你应聘失败后得到的财富。

3. 如果前几轮面试都没怎么刷人，最终一杆清台的终极面试，那么还是请你放弃吧，这多是"内部人士"的游戏。

4. 有的时候，运气是能力之外最重要的因素。所以，失败了也不用妄自菲薄。

看着自己总结出来的求职失败经验，李璞璘开始思考另一条求职路。她注意到，现在市面上畅销的求职类书籍，都是介绍成功案例的，如果自己撰写带有自传性质的"求职失败宝典"，一定不缺读者。这样既可以给其他求职者一些启发和帮助，也能让有缘的HR看到并且打动他们。

有想法就赶紧行动。李璞璘开始在自己的博客上连载《"我为什么没有拿到offer"的十个故事》，让她惊喜的是，文章仅上传4天，点击率就破万，文章引起了很多求职者的共鸣，大家都觉得她分析得合情合理，是求职者的"良药"。

追着看她连载的网友越来越多，短短时间，她的微博空间里，粉丝激增了两千多，大家把她的空间当成了讨论的论坛，很多人留言，希望她把连载一直继续下去，还有人希望她把这些经验总结出来，出一本书。

更让李璞璘惊喜的是，网上的热闹很快影响到了现实，新浪等知名网站纷纷邀其做客，让她讲解求职经，吸引了无数人的眼球，一时间，她俨然成了"失败求职者"的代言人。

很快，腾讯公司人力资源主管注意到了她，并查看了她的博文。一个经历无数失败却毫不沮丧，懂得在失败中总结经验教训，并积极推销自己的人，正是公司所需要的。

经过一番洽谈，李璞璘成功入职腾讯，拥有了一份年薪15万的工作，胜过了她曾经应聘过的每一个岗位。

失败并不可怕，只要不在失败面前低头，并善于从失败中汲取养分，就一定会胜利翻盘，拥有更大的成功。

用智慧催生出"蜗居富翁"

纳贾尔·罗德是以色列贝尔谢巴市一位年轻的装潢工人，他来自距这座城市200公里的一个小镇上，在贝尔谢巴，他只能住在出租房里。因为工作的缘故，纳贾尔经常更换租住地，由于是"自动放弃"，所以房东们大多数不愿意把房租退给他，这就等于是每次搬家都要浪费不少租金。

有一次，公司安排纳贾尔去贝尔谢巴南部的一个工地，当天晚上他们加班到很晚，下班时连公交车都没有了，纳贾尔只能步行回家。路上，纳贾尔走累了，就在一个小公园边的石椅上坐了下来，疲惫不堪的纳贾尔恨不得倒头就睡，但在这大马路边，如何能睡觉？

"如果走到哪儿就可以把家安到哪儿，该有多好啊！"纳贾尔叹了一口气，这时他脑中突然灵光一现，心想："我不就是一个装潢师吗？为什么不自己动手做一个简易轻便的'寓所'呢？"

纳贾尔第二天就买回了许多建筑材料，在之后的两个月里，他利用空余时间，造了一个四平方米的简易房子，最底部装有四个轮子，顶部则是一个雨水收集和储藏装置，四周的"墙壁"则分别是衣柜、洗漱间等等，在最中间部位，是一张可活动的床板，天冷的时候可以睡在"室内"，而天热的时候，则可以把床板抽出来，睡在室外。最后，纳贾尔买来了涂料，把整座"寓所"都涂成了清爽养眼的乳白色。

纳贾尔看着自己的杰作，开心地笑了。当天，他就叫了一辆车把"寓所"拖到了工作地点附近的一个小公园旁，住了下来。这个奇怪的建筑很快引起了无数人的好奇，巡逻警察见它并没有给别人造成不便，提醒纳贾尔"好好保管自己的财产"后就离开了，而更多的人，则走过来向纳贾尔打听这座"寓所"是从哪儿买来的。

当天晚上，纳贾尔躺在床上，心想既然有这么多的人来问，这是不是一种商机呢？冲着这想法，第二天，纳贾尔尝试性地在自己的住所外贴了一张启事，没想到一天下来，竟然有20多个人打来电话想订购这种简易的"可移动寓所"。

纳贾尔兴奋极了，他辞职租了一个闲置的私人场地，办起了一个移动小寓所房，把生产出来的"寓所"以每套75000谢克尔（约6000元人民币）的价格出售了出去。不仅如此，许多商家也纷纷找到了纳贾尔，在不侵犯知识产权的前提下与其合作生产与销售，这样一来，纳贾尔的移动寓所生产得更加规范化和标准化了，市场也越来越大。

这些小寓所受到了外来人员的无比欢迎，他们纷纷买下安放在一些院子里、马路旁、公园边，日益增多的"移动小寓所"当然也引起了贝尔谢巴市政府的注意，为了城市形象和住户的安全，他们给城市划分出了许多闲置的公共区域，用来统一安置，一来这样看上去更整洁美观，二来让居民们也相互有个照应。短短半年时间里，他们就在各个街边和公园边划分出了258个小型的"移动寓所区"和12个"大型移动寓所村"。

在一座座"简易寓所"走进市场的同时，纳贾尔的厂房也逐渐成了一家拥有百余员工的中型公司，而他本人更是成为一位小有名气的"蜗居富翁"。目前，纳贾尔已经把目光看向了更大的市场，并且把分公司开到了附近的海法和特拉维夫等城市。

"纳贾尔用他的智慧，几乎解决掉了这座城市所有贫穷外来者的住宿问题，他是我们这座城市的骄傲！"在前不久的一次商业活动中，贝尔谢巴市的市长塔尔·埃拉尔先生用无比赞赏和自豪的口气说。

其实，纳贾尔的智慧并不惊人，与他拥有同样智慧的人其实并不少见，但是能让市长为之骄傲，这样的事情难能可贵！

员工的四类分法

有位同学来京出差,同学们凑了个饭局。

在酒席间大家聊起各自公司的近况,想起最近关于一位知名企业家的传闻,正好有位同学在那家公司担任高管,就向他求证媒体的一些揣测。

"都是无稽之谈。"这位同学断然否定了那些传言。然后把老板的打算和做法、公司董事会的安排娓娓道来,说得清清楚楚,一下子将我的疑问解释得清清楚楚。

不仅如此,不论在什么场合,他都用坚定的、不容置疑的态度维护他的老板。作为知名企业家,他的老板异常低调,社会上难免有些不同的声音。

由于从事管理工作,我养成了从细节处观察人的习惯。我很欣赏这位同学。私下里,我认为他前途无量。因为他无意中的这些表现恰恰是一个优秀职业经理人最难得的特质。

杰克·韦尔奇从价值观和能力两个角度出发,把员工分成四类:第一类是不认同公司价值观又没能力的人;第二类是认同公司价值观但能力不够的人;第三类是不认同公司价值观但有能力的人;第四类是认同公司价值观又有能力的人。

韦尔奇认为:第一类人对公司没有任何价值,应该毫不犹豫地让他们离开公司;第二类人能力不足,但他们对公司拥有忠诚度,这也是应该珍视的。可以考虑调整岗位或对其培训教育,努力提高他们的能力;第三类人有完成工作的能力,但由于不认同公司的核心价值,缺乏忠诚度。这种人在公司能够给他提供激励机制时,可以和公司产生互相利用的关系,即所谓"合作";第四类人认同公司的核心价值,又有能力,他们是公司的中流砥柱，是公司依靠的基本力量。公司里一旦发现了这种人就要大胆提拔使用，把公司的权力和资源都交给他，让他成为公司领导团队的核心成员。

很明显，我的这个同学属于第四类人，精明强干，朝气蓬勃，怀着健康的心态积极向上。作为公司管理团队的一员，对自己的老板充满崇敬且有信心，完全认同老板的理念。更可贵的是，他能够透彻、准确地了解老板为公司确立的核心价值和战略意图，并且毫不迟疑地执行。遇有外界对老板有误解时挺身而出，并且有能力消除之。这样的人，一定应该是被老板引为心腹，得到重用的。

我同时对他的老板多了一份敬意：能把自己的部下锻炼成这个样子，肯定是高手。有部下如此，加上他们公司在市场上的优异表现，可以判断他的管理团队整体质量很高。

生活中我们会见到许多怀才不遇、牢骚满腹的人，他们实际上就是那些不认同组织价值体系的人。他们其中有能力的是所谓"社会贤达"，会成为组织拉拢、利用的对象，但永远不会被信任和重用。

没能力的是所谓"志大才疏"的那部分人，他们的特点是眼高手低，对什么都看不惯又没有真本事。正因为如此，他们受到冷落，沦为底层，成为最潦倒的那部分人。

要做哪一种人，你做好打算了吗？

别小看茶叶蛋

日月潭畔的山上有座玄光寺，游客从游船渡口上岸，沿着小径拾级而上，没走几步便可看到路边一个卖茶叶蛋的小铺。小铺的门面不大，也没别的东西可卖，只有一个阿嬷和两个伙计招呼着客人。茶叶蛋价钱不贵，一只就卖10个台币，若用人民币买，则是两只卖5块钱。就是这样一个不起眼的小铺，再普通不过的茶叶蛋，几乎每位路过的游客都会来照顾生意。

小铺的生意如此之好，平常日子里每天可以卖出1300多个，到了节假日都能卖出2000多个，阿嬷数钱都要数到手软。以至于"国税局"关注起每天的销量，卖出的茶叶蛋都要给游客打发票，隔三岔五还要来提醒阿嬷主动报税。

传说阿嬷年轻时家境贫寒，为了贴补家用，就在渡口摆摊卖茶叶蛋。然而，当时中国台湾警察对无证小贩查禁的力度很大，阿嬷成天东躲西藏，过着提心吊胆的日子。有一次，蒋介石和宋美龄夫妇到日月潭避暑度假，见阿嬷境遇甚是可怜，于是法外开恩允许她可以合法摆摊。消息一传十，十传百，大家来日月潭游玩时，都会慕名买几个茶叶蛋尝尝。

传说归传说，名人效应可以灵验一时，但不能灵验一世。阿嬷从20世纪50年代末开始摆摊，到现在80多岁还坚守小铺，一卖就是53年，这里面必有自己的道理。别人煮茶叶蛋，将鸡蛋和红茶、酱油倒入水中一起煮，煮熟后将蛋壳敲出裂纹便算了事。阿嬷煮茶叶蛋，先要将鸡蛋与红茶、海盐和水用大火煮开，煮熟后捞起凉透，再用小木棍将蛋壳轻轻敲出裂纹，最后将鸡蛋再次入锅，放入香菇和红茶，用文火慢煮6个多小时，直至茶叶蛋入味才算大功告成。阿嬷用料也非常考究，红茶一定要用南投县鱼池乡出产的阿萨姆大叶红茶，香菇一定要用南投县埔里镇出产的段木香菇，而水一定要用日月潭湖水，不能用自来水。

阿嬷的茶叶蛋要趁热吃，剥去冒着热气的蛋壳，轻轻咬上一口，蛋白滑溜细腻，蛋黄入口即化，舌齿间弥散着红茶的醇厚隽永与香菇的馨香馥郁，味蕾细胞顿时欢呼雀跃。

这些年来，阿嬷接受新闻传媒的采访不计其数，茶叶蛋的配方和制作工艺也被一次次毫无保留地"曝光"，但阿嬷从不忌讳别人学会后来抢她的生意。当然，阿嬷的身边也时不时冒出过竞争者，但结果都是昙花一现。这倒不是因为他们学艺不精，茶叶蛋煮得没阿嬷的好吃，而是他们为了争抢生意，便缩短工时提高产量，或是为了提高利润空间，减配辅料压缩成本。这样煮出来的茶叶蛋，味道可想而知了。

其实，学会一种方法是件易事，舍得投入才是难事，这就是成功者与失败者的最大区别，也是许多人如何学都学不会的。

小小茶叶蛋也能做出大生意，这位阿嬷让我记住了她的名字——邹金盆。

背熟自己的台词

彼时，她刚从外语学院毕业，进入本省这家最大的外企。可不到24小时，挑战便来临：单位同时还招进来三位名牌大学高才生。老总明确表示：企业将在一个月后决定具体留用谁，四人中，只能留下一个。

25%，这个概率，几乎比现在的普高招生率还低，但冲着这份好工作，一向低调行事的她决定放手一搏。可当她了解到另三位的英语水准及办事能力后，开始对自己没有信心了：我，真的行吗？

几天来，一向乐观的她开始变得神情恍惚且精神不振，不知道30天后自己的出路在哪里。晚上回家吃晚饭，一双眼睛盯着饭菜，嘴里使劲咬着筷子，就是没一丝一毫的食欲。宝贝女儿的这一切细微变化，哪里逃得过才出差回家的父亲的双眼呢？

"怎么了，你？"问话是简短的，长久以来，这对父女似乎已经习惯了这么简捷直白的对话方式。"没什么，可能……我的工作，保不住了。来了几个更厉害的。""哦……看来我们得好好谈谈了，看看到底是什么东西竟然把我的闺女愁成这样。"她一听，在心里说：对你说，管用吗？难不成，你能有什么绝招救我一命？

"说说吧，这几天，你在单位怎么过的？"饭后，父亲单刀直入。明知这样的聊天，也讨论不出个结果来，权且只当是陪父亲说说话吧，于是开始零零碎碎谈单位的所见所闻。"企业确实不错，待遇好，也挺有实力的。就说昨天发给我们的员工手册和笔记本吧，都印得特别精美，一般的超市都看到这种档次的。"父亲不知怎么了，一下子来了兴趣："哦，有这回事。正好，我的公司正要印一些这样的东西，你拿来我参考一下。"于是她兴致勃勃，马上把员工手册和公司发的笔记本拿出来。父亲认真地翻看着，翻看到笔记本的最后几页，有个通讯录，父亲看了女儿一眼，正色道："我看，这几天你什么也不要做，把这个通讯录和员工手册认真看看，熟悉一下。对了，一定要把各个部门的负责人的名字及手机号记住。"她不解地看着父亲，最后还是轻轻点了点头。

几天后，公司老总在公司生产车间巡视，忽然对跟随着的几个新员工吩咐道："赶紧把质检部的人找来，另外，物流的也来几个人，管仓储运输的，也要来人。"几个新来的员工赶紧手忙脚乱打开随身的皮包翻找通讯录，而她呢，则已经拿出手机与这几个部门的负责人联系上了。由于对各个部门的负责人及联系方式了然于心，即便有个别部门负责人不在公司，她也可以迅速联系上其他主管。眼前这一切，一旁的老总自然尽收眼底。

一个月后，她得到了这个工作机会，而且分配到总经理办公室做行政秘书，另一位大学生则分配到对外联络部门。其他两位，则黯然离去。得到这个结果，她终究觉得有一点小小的吃惊。原本以为父亲让自己做的，只是一个小小的可爱的伎俩，没想到这小小的，甚至让她觉得庸俗幼稚和可笑的小"绝招"，居然真的让自己得到了这个机会。

当然，既然是公司的一员，为了提高工作效率，很多数据是一定要牢记的。原因难道仅仅如此吗？或许，真如父亲说的，自己每天上班的同时，其实也是公司的一个演员，如果是这样，那么，是演员，不熟悉最最基本的台词，那怎么可以呢？

几条不要

职场中人才辈出,你在办公室中的地位是否依旧稳固?试试以下的方法,或许可以增强你的不可替代性。

工作时间不要与同事喋喋不休,这样做只能造成两种影响,一是那个喋喋不休的人觉得你也很清闲,二是别的人觉得你俩都很清闲。

不要在老板不在的时间偷懒,因为你手头被打了折扣的工作绩效迟早会将你的所作所为暴露无遗。

不要将公司的财物带回家,哪怕是一把废弃的尺子或一个鼠标垫。

不要仅为赚取更多的钱,就为公司的竞争对手做兼职。更不要为了私利,就将公司的机密外泄,这是一种职场上的不忠,员工之大忌。

不要每日都是一张苦瓜脸,要试着从工作中找寻乐趣,从你的职业中找出令你感兴趣的工作方式并尝试多做一点。多一点热忱,可能你就只欠这么一点点。

不要推脱你认为不重要的工作,要知道,你所有的贡献与努力都是不会被永远忽略的。

不要将个人的情绪发泄到公司的客户身上,哪怕是在电话里。在拿起电话前,先让自己冷静一下,然后用适当的问候语去接听办公桌上的电话。

不要一到下班时间就消失得无影无踪,如果你未能在下班前将问题解决好,那你必须让人知道。如果你不能继续留下来帮忙,那也应抵家后打电话问问事情是否已得到控制。平常在离开公司之前,向你的主管打声招呼也是好的。

不要提交一份连你自己都不想收到的报告,更不要言之无物,因为你不只有填写报告的义务，同时也有提出改善意见的责任。

冒领功劳等于制造敌人，若你因一个不属于自己的成绩而受到称赞，那么你就坦白地讲出来。

不要在上司说些不好笑的笑话时开怀大笑，应当明白上司需要一个有创意、有热情的工作者，而不是一个应声虫。

不要把办公室家庭化，这是不专业的表现，也是侵犯公司领地，更何况公司的客户没几人愿意知道你的家庭是什么样。

投狗所好

前不久，在中国天津一个宠物食品卖场里发生了一件非常有趣的事情：进去的每只宠物狗都会直接冲到雀巢公司旗下的普瑞纳宠物食品公司的狗粮专柜，然后"赖"着不走。卖场里的每个人都感到十分惊奇。主人们更惊奇于宠物的"选择性"，他们唯一能做的就是为它们买下一罐又一罐这种品牌的狗粮。

许多人不解，为什么宠物狗能够"自主"挑选粮食，而且都是选择同一个品牌？雀巢大中华区总裁穆立揭开了其中奥秘：卖场的广告里面有玄机。

天津普瑞纳宠物食品公司的狗粮已经推出好多年了，但销量并不是非常理想。穆立知道现在宠物食品品牌太多，竞争非常大，想要争取更多的份额就必须有自己的特色。可该从哪里突破呢？

穆立一遍又一遍地搜索关于狗的信息，希望能从中获得一些灵感。当他浏览到"狗的听觉比人类灵敏两倍，能听到人类听不到的频率"这样一个信息时，顿时灵光一闪：很多消费者都喜欢带着狗狗一起逛宠物食品超市，我们能不能针对狗狗推出一个特别的广告？穆立当即找来广告部的负责人。

广告部根据董事长的建议，策划了一个别致的广告——里面插入了只有狗狗才能听得到的高频音调。随后，普瑞纳公司把这个广告先放在天津一个宠物食品卖场试播。没想到，这个广告一经播出，很多顾客的宠物狗"闻声而来"，直接把主人引到普瑞纳的狗粮专柜。那些没带狗出来的顾客见那么多人抢购普瑞纳狗粮，自然也参与了进来。

看到这个广告的效果这么好，穆立立即决定在各大宠物食品卖场不间断播放。果然，此后的连续几个月时间里，普瑞纳狗粮销量一直遥遥领先，几乎占领了一大半市场份额。

用独特的声音吸引来宠物狗，普瑞纳狗粮大卖的秘诀就在于董事长穆立遵循了"狗狗就是客户群"这样一个准则。

失去，另一种开始

得与失从来都是平衡的，有所失才会有所得。

失去，
也许是一种幸运，
因为它会成为另一种生活的开始，
让你因此而改变命运，
改变人生。

一根手指建成大桥

在美国的曼哈岛和布鲁克林区之间,有一座跨越东河的悬索大桥,叫布鲁克林大桥。你可能想不到,这座全长1834米、被称为世界"第八大奇迹"的宏伟建筑,却是一位伟大的残疾人建筑师用一根手指指挥建成的。

早在19世纪中叶,纽约就已经是当时世界上成长最快的城市,为解决交通不便的状态,市政府计划在曼哈顿与布鲁克林之间修建一横跨两地的大桥。这项计划很快得到了实施,移民美国的德国工程师约翰·奥古斯都·罗布林成为修建大桥的总工程师。按照他的设计,布鲁克林大桥全长1800多米,建造周期为14年。

然而,就在所有的前期准备工作都已完成,大桥即将动工的前夕,罗布林突患破伤风。为了争取大桥早日动工,罗布林一心扑在工作上,拒绝接受医生的治疗。就在大桥开工三个月后,罗布林离开了人世。临终前,罗布林将32岁的儿子华盛顿·罗布林叫到床前,叮嘱他一定要完成自己没有实现的心愿,华盛顿·罗布林流着眼泪答应了自己的父亲。于是,年轻的华盛顿·罗布林从父亲手里接过了总工程师一职。

担此重任后,华盛顿每天都亲临现场,和工人们一起施工。由于长时间的水下浸泡,使得华盛顿换上严重的"潜水员病",这是一种会使人失去活动能力的慢性病。虽然身患重病,但华盛顿·罗布林和他当年的父亲一样,没有住进医院,而是坚持在工地上指挥施工。当布鲁克林大桥的两个桥桩都建完的时候,华盛顿的病情也严重恶化,最后全身瘫痪,无法现场指挥施工。

这时,几乎每一个都认为这座伟大的建筑一定无法继续了。但是,在顽强的意志支撑下，华盛顿决心要完成父亲的心愿。躺在病床上，他用唯一能动的一根食指敲击妻子爱密莉的手臂，通过这种特别的方式，由妻子把设计图传达给仍在建桥的工程师们。每天，他都要坚持坐在家中的窗台前，通过望远镜监督桥梁建筑的进度。虽然每次他都疼痛得大汗淋漓，但这种特别的遥控指挥却从未间断过。

13年后的1983年，华盛顿·罗布林终于用一根手指指挥建成了一座富丽典雅的布鲁克林大桥。大桥的建成，不仅是"工业革命时代的建筑工程奇迹"，更是建筑师华盛顿·罗布林的一个奇迹。因为13年来，华盛顿·罗布林用唯一能动的一根食指，敲击妻子的手臂达一亿次之多。为此，美国近代著名诗人哈特·克雷恩专门为这座伟大的建筑和这个伟大的建筑师写了一首长诗，诗名就叫《桥》。

任何一个勇敢自救的人，上帝都不会放弃他。在这个世界上，除非你自己放弃，否则没有什么困难可以打垮你。当你从艰难的境地里依然一往无前的时候，哪怕你只有唯一一根可以活动的手指，只要你持之以恒地用它去敲击成功之门，终有一天，你会敲开那扇原本虚掩的门。

学会慢

到意大利南部的小镇波西塔诺度假，报名参加当地的厨艺学习班。其实说起来很简单，就是把你扔到一个餐馆或是一户农家，跟当地的烹饪高手学做菜。第一堂课的老师是一位棕红色头发的大婶，脾气很好的样子，她很亲切地让学生们唤她"玛丽露阿姨"。玛丽露阿姨是当地一家小餐馆的糕点师，其手艺很得本地人的认可，而我们开始上课要做的第一件事——她说："先学习怎么把节奏放慢下来。"当然，这是经过美化的语言，事实是，玛丽露阿姨的英文相当糟糕，我们问：先学什么？她只用一个词回答：慢。

学慢其实很容易，就是大清早跟着玛丽露阿姨去她的果园摘柠檬。意大利南部沿海地区盛产柠檬，并且那里的柠檬跟我们印象中的柠檬丝毫不同。我们平时用来佐餐或泡茶的柠檬，亮黄色，个很小，皮则是薄薄的。而这里的柠檬经常是比柚子还大，皮很厚，颜色则是非常浅的黄。但是这柠檬极香，香得又极其清爽，是当地最常用的做菜材料。至于说，价钱贵不贵，玛丽露阿姨想了一下回答，因为家家户户都自己种，所以没有人会去商店买，应该算是最便宜的食材之一吧。

摘柠檬很简单，自家种的柠檬树一般都不高，只是要挑挑拣拣，只把最香的摘下来。嗅嗅这个，闻闻那个，玛丽露阿姨说，不用着急，慢慢来。她甚至拿来了自己酿的柠檬烧酒，这是本地最大众化最普遍的一种饮料，味道很甜很烈，有着很直白的柠檬香，餐前餐后，或是任何你觉得想喝一杯的时候，都可以喝。我们就这么慢吞吞地边小口喝着柠檬烧酒，边摘着柠檬。时针慢慢指向了上午10点半，玛丽露阿姨说：唔，现在我们可以去做饭了。

把一大堆摘来的柠檬放在厨房的台子上,玛丽露阿姨指挥道,这些个,削皮,那些个,把皮刨成细丝,剩下来的果肉,要榨成柠檬汁。削下来的那些皮,用两口小锅,一口加点橙皮用水慢慢煮,另一口加上胡萝卜和西芹用水慢慢煮。继而则是打蛋,蛋黄和蛋清要分离得干干净净,蛋黄和蛋清里都要加入大量的糖和奶油。接下来,跟变魔术似的,玛丽露阿姨拿出了一盒子白巧克力,一罐子杏仁,一块马士卡邦尼软芝士,几块小牛肉,一包面粉,一袋子米和一小盘子手指饼干。"你们可以来看看,柠檬会慢慢变成很多很多道菜。"玛丽露阿姨费劲地用英语说。

小牛肉用锤子敲松,蘸点儿面粉下油锅煎,等到两面都呈金黄色了,就加进榨好的柠檬汁煮一会儿。这是当地人最爱吃的清新爽口的柠檬汁小牛肉。在一口平底锅里放上橄榄油,先炒香洋葱,再加进生米继续翻炒。在翻炒过程中,倒点儿白葡萄酒,再倒点儿柠檬皮、胡萝卜和西芹熬制的清汤,等白酒和汤汁被米饭慢慢吸干的时候,这道柠檬米饭就大功告成了。打碎的白巧克力和杏仁要放到已经打好的蛋黄酱里充分搅拌,然后慢悠悠地加入一点儿柠檬烧酒,一把柠檬细丝,最后加入打好的蛋清。在烤盘里刷上一层黄油,把这坨糊糊一块儿倒进去,等它从烤箱里出来的时候,它的名字叫作白巧克力柠檬蛋糕。余下来的那些蛋黄酱,跟马士卡邦尼软芝士和柠檬烧酒混合在一起,加上浸在柠檬皮和橙皮煮的甜汤里过的手指饼干,就成了柠檬味道的提拉米苏。最后还剩下一堆柠檬细丝和一点儿面粉,玛丽露阿姨用手随便揉了几下,便做成了几个面圈,放在油里一炸,就是散发着柠檬清香的炸面圈了。

悠闲地跟着玛丽露阿姨做各种柠檬菜,不知不觉,一桌子菜做下来,已经到了下午3点。坐在她家的柠檬树下,吹着地中海的微风,眼望着远处山下湛蓝的海水,吃着自己动手做的一大堆食物。玛丽露阿姨忽然说:"看,你们已经都吃光了,吃得太快了啊。你们这些城里人,看来真的很难慢下来。"

宰相的泥腿精神

宋太祖时，赵普为相。

有一天，赵宰相给皇帝递上一个奏折，请求让某人担任某个官职。太祖看了眼奏折上推荐的人名，脸色就阴沉下来，因为他一向讨厌这个人的为人，那真是夹着半只眼也看不上他，所以一句话也没说，就把奏折扔了回去。

赵宰相似乎早有预见，拾起奏折，掸了掸上面的土，随手就揣回了衣袖里。第二天一上朝，他又把奏折递了上去，太祖一瞧，还是那个人，脸色更加不好看，一口回绝。

第三天，赵宰相还像没事人似的，又递上一个奏折，居然还是推荐那个人，这下太祖可火了，再一再二不能再三啊，这太不拿我皇上当回事了吧，禁不住咆哮说："我就是不给他升官，你能怎么说？"说吧，把奏折撕了个粉碎，扔到了地上。

这就是传说中的龙颜大怒吧，搁一般人早吓得屁滚尿流了，可这位赵宰相面不改色心不跳，从容答道："刑罚是用来惩治罪恶的，赏赐是用来酬谢有功之人的，这是古往今来共同的道理。况且刑赏是天下的刑赏，不是陛下个人的刑赏，怎能凭自己的喜怒而独断专行呢？"

太祖更加愤怒，嘴上又说不过他，气得起身就进内宫了。赵宰相也不着急，跪在地上把撕碎的奏章一个碎片一个碎片地拾起来，这才转身而去。

三天过去了，赵宰相没再递奏折，太祖紧张的神经松弛下来，并不免有了一些得意之色，心想还是怕我了吧，天子一怒，那要流血千里的。

不料，到了第四天，赵宰相又把一个折子递了上来，太祖定睛一看，这个折子有些与众不同,是一张纸一张纸拼凑粘在一起的,可细瞧上面的内容,还是推荐那个人为官。原来,太祖把赵宰相的奏折撕得太碎了,他拼了三天才把它拼齐。

太祖无可奈何,最终答应了赵宰相的所求,谁让他遇上了这么一个泥腿子的主儿呢?

赵普与宋太祖是布衣之交,他年轻时没读过多少书,学问也不多,等到当了宰相,太祖劝他要读书。赵普也深感力不从心,于是勤奋读书。每天下班回家,吃过饭之后,就把自己关在书房里,打开书箱,拿出书就读,手不释卷,什么宴会啊、游玩啊、打牌啊之类的活动一概不参加。读书的益处很快就显现了出来,白天处理政务,果断决绝,没有半点拖泥带水,而且处理得都非常得体。他死了以后,家人打开书箱,看他整天看的都是什么书,原来是儒家经典《论语》,不由想起他的名言:半部《论语》治天下。

没什么家族背景,又缺少知识底蕴的赵普能够出将入相,干出一番事业,很重要的一个特点就是有个泥腿劲儿,那实际上是一种执着的精神。关汉卿有句名言:"我是个蒸不烂、煮不熟、槌不扁、炒不爆、响当当一颗铜豌豆,恁子弟每谁教你钻入他锄不断、斫不下、解不开、顿不脱、慢腾腾千层锦套头。"有了这样一股劲头儿,什么事情做不成功呢?

与蜜蜂合作

农田的旁边有三丛灌木，每丛灌木中都居住着一群蜜蜂。农夫觉得，这些矮矮的灌木没有多大的用处，心想，还不如砍掉了当柴烧。

农夫动手砍第一丛灌木的时候，住在里面的蜜蜂苦苦地哀求他："善良的主人，您就是把灌木砍掉了也没有多少柴火啊！看在我们每天为您的农田传播花粉的情分上，求求您放过我们的家吧。"农夫看看这些无用的灌木，摇了摇头说："没有你们，别的蜜蜂也会传播花粉。"

很快，农夫就毁掉了第一群蜜蜂的小家。没过几天，农夫又来砍第二丛灌木。这时候冲出来一大群蜜蜂，对农夫嗡嗡大叫："残暴的地主，你要敢毁坏我们的家园，我们绝对不会善罢甘休！"农夫的脸上被蜇了好几下，他一怒之下，一把火把整丛灌木烧得干干净净。

当农夫把目标定在第三丛灌木的时候，蜂窝里的蜂王飞了出来，它对农夫柔声说："睿智的投资者啊，请您看看这丛灌木给您带来的好处吧！您看这丛黄杨树的木质细腻，成材以后准能卖个好价钱！您再看看我们的蜂窝，每年我们都能生产出很多蜂蜜，还有最有营养价值的蜂王浆，这可都能给您带来很多经济效益呢！"

听了蜂王的介绍，农夫忍不住吞了一口口水。他心甘情愿地放下斧头，与蜂王合作，做起了经营蜂蜜的生意，获得了巨大财富，两者实现了双赢。

面对强大的对手，三群蜜蜂做出了三种选择：恳求、对抗、与对手共赢，而只有第三群蜜蜂达到了最终的目的。商业竞争就是利益之争，如果把商业看作一场"零和博弈"，对手得益就意味着自己受损，那么结果往往是两败俱伤。为了生存，企业必须学会与对手共赢，把商业竞争变成一场双方得益的"正和博弈"。与对手共赢，就是以较小的代价换取更大的利益，这种策略类似于棋局中的弃卒保车，它应该成为经营者的必备技巧。

与敌人做搭档

在埃及的奥博斯城。有一座鳄鱼神庙。公元前450年，古希腊历史学家希罗多德曾来过这里。当时他发现一个奇怪现象，大理石水池中的鳄鱼游出水面的时候总是爱张着大嘴。即使是吃饱喝足后，鳄鱼也总爱这样。让他惊讶的是，居然有一种灰色的小鸟站在鳄鱼嘴边啄食剔牙，鳄鱼却视而不见，并不伤害它。

这种灰色的小鸟是"燕千鸟"，每当鳄鱼饱餐后，就会懒洋洋地躺在河边闭目养神。这时候，燕千鸟会飞到它们身边。鳄鱼张开大嘴，故意让这种小鸟飞到嘴里来清洁牙齿，燕千鸟会把嵌在鳄鱼牙缝里存留的食物诸如水蛭、苍蝇和食物残屑等一一啄去。在鳄鱼的"血盆大口"中啄食，会让鳄鱼感到很舒服，燕千鸟成了鳄鱼的"保健员"。

假如鳄鱼忘记了它的"保健员"闭起大嘴睡觉时，或者燕千鸟在鳄鱼嘴里待够了的时候。就用它的羽毛摩擦鳄鱼的上颚，鳄鱼立即就打呵欠，燕千鸟会趁此机会飞出。返回时，无论鳄鱼在哪里，燕千鸟都能找到。有时候，燕千鸟干脆在鳄鱼栖居地营巢，好像在为鳄鱼站岗放哨。稍有风吹草动，它们就会一哄而散、惊叫几声，向鳄鱼报警，鳄鱼得到报警信号后，便潜入水底避难。

在所有的鸟兽都避开凶残的非洲鳄鱼时，燕千鸟却安然无恙。

无独有偶，在大西洋中有一种一生都在鱼的嘴里生活的虾，叫绿虾，而这种鱼是鳊鱼。在鱼嘴里生活，听起来非常危险。但令人惊奇的是，鳊鱼绝不会把绿虾吞进肚里，它不但不吃，还要好好地保护绿虾，白天它潜伏在绿虾周围，夜晚把绿虾含在嘴里，让它留宿。是什么原因让鳊鱼对绿虾如此厚爱？

原来绿虾在水中游动时，身体晃动的频率极高，绿虾以自己身体的晃动吸引来了其他的小鱼来捕食，而前来捕食的小鱼就成了鳊鱼的食物，绿虾成了鳊鱼引诱食物的诱饵。久而久之，绿虾成了鳊鱼生活不可分离的一部分，鳊鱼也成了绿虾遇到危险时的保护神。

燕千鸟与鳄鱼，绿虾与鳊鱼在食物链中的关系有目共睹。可是，面对强大的天敌，它们却能够安然地共处一隅。不得不令人佩服它们独具智慧的选择——找个"敌人"做搭档。

其实，无论是生活中或是职场中，不管是干大事业，抑或是做小买卖。找个优秀的"敌人"做搭档，利用双方的优势，会更好地解决问题，也一定会取得意想不到的双赢效果。

诚实是最大的财富

　　他出生在尼泊尔南部一个名叫托拉尼的小村子里，那里没有自来水、没有电，也很少能看到在泥路上急驰而过的汽车。因为贫穷，他像其他小朋友一样，没有进入学校学习，直到12岁，他仍不会书写自己的名字。

　　12岁那年的一天中午，一辆装满水果的汽车从村子里经过，孩子们兴奋地跟在车后，一边奔跑一边呐喊。道路坎坷不平，汽车在路上颠颠簸簸。忽然，在汽车的一个起落间，一堆带着甜香的黄色水果像雨点一样落了下来。所有人都停下了脚步，低头一看，竟是诱人的杏子，于是，大家跪在地上争抢起来。只有他，抓了两把杏子，冲着前面的车子追了过去……他气喘吁吁地拦下车子，递上杏子，建议车子开得慢一些。也就是从那天开始，他便乘着那辆运杏子的汽车到了繁华的首都加德满都。

　　因为太小，水果店老板托人把他安排到一家旅馆，专门从事服务工作。几个月下来，他的勤快和诚实，赢得旅馆上下及所有宾客的称赞，客人们常常把一些购物的任务交给他。每一次回来，他在送交物品的同时，总是把账目报得清清楚楚，然后把找回的钱如数递上。客人把零钱给他当作小费，他总是微笑着一一谢绝。

　　1973年，这个当时只有18岁的青年，在工作中引起一位客人的注意。这位对他充满好奇的客人拿着摄影机，找到后台老板，详细了解他的情况。在听到老板的介绍后，这位客人决定重金雇用他。在付了一笔钱给旅馆老板之后，客人把他带到了美国。这位神秘的客人，就是出生在密西西比州的著名作家兼摄影师——查尔斯·亨利·福特。

　　由于语言障碍，一开始福特只是让他购买一些普通的日用品，偶尔送送邮件，没事的时候，他便抽出时间专门教他英语。随着年龄的增长，他学会了一些日常用语，已经能和人们正常对话。这时候，福特又教他如何拍照，他决定把他培养成自己的拍摄助手。从那以后，他开始跟随福特周游世界。他们驾车从伊斯坦布尔到加德满都，他们在巴黎开设摄影工作室，他们在希腊克里特岛过着隐居般的生活……后来，回美国，福特让他和自己在纽约的达科大厦比邻而居。

这时，福特的妹妹露丝？福特也住在这幢大楼里。她是好莱坞的老牌女星和模特，更是众多艺术家眼中的缪斯。平时，福特兄妹经常带着他，出席各种名人聚会，请他为他们照相。后来，他在聚会中拍摄的照片作为插图出版在查尔斯？福特的书籍里，并在曼哈顿的画廊展出。

1990年，他在华盛顿遇到了现在的妻子。从那以后，三家人形影不离地生活在一起。这些年里，他一直担任福特的贴身助手，直到2002年福特去世。后来，露丝？福特的听力和视力不断衰退，他便承担起照顾露丝的责任。2009年8月，在露丝撒手人寰之前，她把自己的全部身家留给了他——包括价值450万美元的住宅和一批难以估价的画作。画作中最多的是超现实主义艺术家帕维尔切利乔夫的作品，1937年，画家为露丝画的肖像曾卖出100万美元的天价。

如今，这个出身贫寒名叫印陀罗·泰芒的尼泊尔人，正被美国人看作是现实版"阿甘"，受到越来越多的年轻人的喜爱，也引起媒体广泛的关注。面对媒体，56岁的泰芒一脸平静，他说："我并不认为自己比以前更有钱，我现在的最大乐趣是接送女儿上学，将福特兄妹的艺术品、文学作品和电影存档，组织展览活动。"最后，他还补充道："生活让我明白，只要你诚实地工作，幸运就会降临到你的头上，因为诚实本身，就是一笔价值不菲的财富。"

父亲的苦瓜情结

"岂效荔枝锦,形渐癞葡萄。口苦难为偈,心清志方操。到底争齐物,从来傲宠豪。不是寻常品,含章气自高。"这是一首描写苦瓜的诗,它留给人们的,是一种独行的"苦"味。苦瓜通体清苦,父亲也一生清苦。因此我想,父亲的命运似乎就是苦瓜的命运?苦瓜也叫君子菜,它无论和什么菜在一起炒、煮、炖,都只苦自己,其他的菜不会沾一丝苦味;父亲也是这样的人:宁愿苦自己,不愿苦别人。

就是这样一个其貌不扬、食之奇苦的瓜,却碧翠透明,金玉美质,让父亲最为青睐。因此,父亲退休后回到了乡下。在每年草长莺飞的春天到来时,他就在房前屋后的空地上种上苦瓜。当嫩绿的新芽探出头时,父亲怕鸡鸭来啄食瓜苗,就用个破箩筐罩在上面。待那些小芽顺着父亲的美好心态一节节地往上长,长出许多丝藤的时候,父亲又去弄些木桩和树枝来,搭好一个简单的架子,让那些藤儿弯弯曲曲地往上爬,边爬边开出一朵朵黄色小花,花儿凋零了,藤上结出了细嫩的小苦瓜,没几天,架上爬满了青翠,青苦瓜白苦瓜红苦瓜一个个或露或藏地悬挂在棚架下,这时的父亲是十分欢欣和激动的。

苦瓜、花叶、藤蔓和架子和谐地交映在一起,远看近看都是一幅迷人的图画。风过瓜架,吹动瓜叶,瓜果摇曳,父亲总在瓜架前呆呆地站着,像想起什么往事似的。

夏天的餐桌上,总少不了父亲亲手爆炒的苦瓜,或独炒或炒鸡蛋或炒干鱼,都很清脆爽口的,盛在盘子里,鲜嫩无比,秀色可餐。望着那一盘青涩的苦瓜,母亲总叹息地说父亲生来命苦,八岁时就没有了爹,饱尝人间沧桑之苦,还要去吃这难以下咽的苦瓜。父亲则不以为然,风趣地对我们几个兄妹说:"只有吃得苦中苦,才能做得人上人啊。"

父亲没有大红大紫、大起大落,平凡了一辈子,淡泊了一辈子,清贫了一辈子。但他很满足,认为自己为子女成长所受的苦是值得的。在那艰难岁月中,把我们兄妹拉扯大不容易,看着我们一个个有出息,过着安稳幸福的生活,他也觉得自己是幸福的。他常对他的朋友们说,他拥有的几个好儿女,就是他此生的最大财富。

苦瓜由青变白再变红,这是一个成熟的过程。父亲有意多等待些时日,让苦瓜变红,为的是多贮存些瓜种。其实熟透的苦瓜,裂开了嘴,露出一排绯红的果肉,就如一朵美丽的红花,等候在旁的我抢在父亲之前,高兴地摘下苦瓜,掰开皮,露出丰厚红软的果肉来,小小的馋嘴忍不住尝了一口,呀,好甜,清香纯正的甜,咽一下,直渗到骨子里去了。我有点百思不解,便问父亲,父亲告诉我说,这是苦瓜的本质——一生漫长的等候,终于苦尽甘来。

一年的苦瓜由鲜嫩变枯老,一年的苦瓜藤由翠绿变枯萎。父亲也一年年变苍老了。很多时候,我看见父亲坐在屋前的空坪上,坐在苦瓜生长的土上,像深深怀念谁似的。我想,是不是这一生清苦而淡然的苦瓜让父亲变老的?

随着年龄的增长,我渐渐明白了父亲的苦瓜情结,自己也喜爱上它了。我特别欣赏苦瓜藤那奋勇向上、蕴藏无限生命力的精神,更欣赏苦瓜那漫长等候,苦尽甘来的品性。五味杂陈,方为人生。

十年磨一刺

在澳大利亚的一个荒岛上，生活着一大群的刺猬。起初，它们的生活可谓安枕无忧，有大量的老鼠、蛇供它们捕食，却没有任何的一种动物能够来捕食刺猬，因为刺猬长着一身的刺，一旦遇到敌害，立刻蜷曲成球，靠尖刺来对付敌人。因此，连岛上最为凶狠的毒蛇也拿它们没办法。也因此，它们的繁衍速度与日俱增。

后来，荒岛上出现了一种新奇的毒蛇，它们的体形并不是很庞大，相比之前在岛上横行只屈居刺猬之后的毒蛇来说还略逊一筹，但是，这种新奇毒蛇却极为凶猛，它们竟然能够对付岛上的霸主刺猬。新奇毒蛇只要一遇上刺猬，尽管刺猬会蜷曲成球，竖起尖刺，但是它并不会退缩，而是以冲刺的速度向刺猬冲去，然后张开大嘴就把刺猬给吞了下去，然后会听到咀嚼的声音，不一会儿就消化掉了。

这真是个令人匪夷所思的动作，也是令其他毒蛇想都不敢想的举动，浑身都是刺的刺猬一旦吃进嘴里，喉管不会被扎烂吗？胃不会被刺破吗？但是这种新奇毒蛇又确实做到了，而且还没有受到任何的损伤。后来，这种新奇毒蛇越来越多，很快便抢占了刺猬的霸主地位，成为荒岛上名副其实的新霸主。

科学家去荒岛上捕捉了这样的一条蛇，准备作为研究。当剖开蛇的身子时，科学家发现它们的喉管竟然如铁般坚硬，长满了厚厚的茧，胃更是坚硬。这个发现一度令科学家很是不解，难道这种蛇天生就具有这样的喉管和胃？

这个问题直到1938年才得到解决。当时有另一位科学家又一次前往荒岛上调查，在一个洞穴里偶然发现了跟之前极其相似的新奇毒蛇。这条毒蛇很幼小，蜷曲在那里一动不动，于是他用捕蛇器很轻易地捕捉到了这条蛇。然而，令人瞠目结舌的一幕出现了，当科学家又一次剖开蛇身时，它的喉管和胃里竟然长满了刺猬般尖锐的刺。有一小部分的刺已经脱落，被坚硬的茧代替。

　　这时科学家已经完全明白了，原来这种新奇毒蛇并不是一出生就有着坚硬的喉管和胃的，相反是长满了利刺，在这种条件下，小蛇只能轻微地移动，尽管体内被刺得伤痕累累，但是它也必须得忍耐，长年累月地忍耐被刺的痛苦，直到刺脱落成为茧的那一天。那么它必须得忍耐多久？科学家又一次证实，这种忍耐的持续期限在10年左右。

　　原来，10年的忍耐，只是为了磨刺，只是为了有朝一日蜕变成为能够轻易吞食刺猬的王者。这种艰难的付出和忍耐，令我们人类刮目相看，也令我们感到无比羞愧。在现实生活中，当我们遭遇到必须克服的"利刺"时，我们中有几人能够选择忍耐10年？尽管10年之后是另一片广阔的天地，但是我们很多人都会选择放弃。因此，我们要向这种新奇毒蛇学习，学习它的忍耐精神，把身上的"利刺"磨掉，从而让我们变得无坚不摧！

生命中暂停一下

一位做服装生意的朋友，颇有经商头脑，靠着一个人艰难的打拼，几年内终于在同行中占有了一席之地。替他高兴之余我也有淡淡的落寞，因为他总是忙忙忙。再也没有了像从前一样和我一起聊天下棋的时间了。想想从前，我们俩可以坐在小河边一边下棋一边聊天，一坐就是半天。

忽然有一天，接到了他的电话。他终于有时间了，却是在医院里。因为劳累过度，他晕倒在了自家的厨房里。血压达到了180，而且前两天开始尿血。我约了朋友去看他，他正在输液，指着自己很有感触地说："要不是你嫂子发现，我估计都去另一个世界了。大家伙儿一定不要学我，无论再多事情，要学会暂停呀。"

是呀，人如同机器，怎么可以无节制地运转呢？听着朋友的肺腑之言，我想到了更多，暂停不仅是身体需要，而且还是为人处世的一种大智慧。

暂停适用于生活的方方面面。喜欢看篮球、乒乓球比赛，真正的高手往往是在比赛的高潮时突然来一个暂停。许多只看热闹的球迷，这时候会大喊吊胃口。他们怎么能知道此时球员暂停的意义呢？主动的暂停既能突然打断对手流畅的打球思路，又可以调整自己的心态，从而更有胜算地击败对手。表面上看是一种停止，其实那是积蓄能量的过程，是让球赛更好看的前奏。

一位热爱写作的文友，前一段文章在报刊上处处开花，令人羡慕不已，但这一段他忽然销声匿迹了，再没有文章发表。

如同夏天听惯了蝉儿的鸣叫，一下子没有了，让人不适应。是生病了还是家里有什么事？我关心地问他近况如何。想不到他笑呵呵地告诉我，什么事也没有，就是写作遇到了瓶颈问题，不想写了。

对这样一位高产的写作者，我感到很遗憾。他的笑声却更大："你遗憾什么？应该祝贺我才是，我只是暂停，又不是停止。我这一段时间只读书、思考，游山玩水。读万卷书行万里路，才会厚积薄发呀！"其实，人生就是一次没有回头路的旅游，很多时候，我们只是埋头匆匆往前赶，没有学会欣赏沿途的风景。暂停一下，你会看到许多美景就在身边：路边美丽的蝴蝶翩翩飞舞，清澈的小溪和鱼儿嬉戏，或者，蹲下身来，你能听到花开的声音。

暂停一下，你会成为一个更有智慧的人。

失去，另一种开始

从前有一个老人，家里有两棵梨树，每年都能产很多梨，卖掉以后作为全家的生活费用，一家人靠着这两棵梨树的收成就能过活。

老人岁数大了，身体越来越不行了，临死之前，他把两个儿子叫到一起，对他们说："我也没给你们留下什么财产，就这两棵梨树，你们两人一家一棵，好好养护它，足够你们的生活所需了。"

老人去世后，两个儿子分家了，各自靠着一棵梨树继续过着安定的生活。但有一年，老二的梨树发生了病虫害，用了各种方法也无济于事，那棵梨树最后还是枯死了。

老二媳妇痛哭失声，老二劝她说："哭什么啊，树虽然没了，但人是活的，我们可以到城里去寻找出路，也许还能过上更好的日子呢！"

老大媳妇看到老二家的树死了，就对别人说："还是俺家老大命好，俺家的树还好好的！"言词中充满了得意。

老二告别了老大，带着老婆孩子进城找出路去了。他们到城里后，先租了个房子住下来，然后老二出去打工，在一家包子铺给人干零活，老婆在家里带孩子。老二是个很有头脑的人，他一边打工，一边学着做包子，并观察包子的市场行情。一年之后，他把做包子的技术学会了，而且手里有了点积蓄，就离开了那家包子铺，和老婆一起在街上开了一家很小的包子铺。由于他很会经营，所以生意很好。半年以后，他扩大了经营，又开了家大的包子铺。这样经过几年的苦心经营，他的生意越来越红火，成了腰缠万贯的富翁。

又过了两年，老二带着老婆孩子回老家看望哥哥，哥哥还守着那棵梨树过日子呢。看到老二发了财回来，老大媳妇叹息着对别人说："唉，当初枯死的如果是我家的树，那现在我们也能过上吃山珍海味穿绫罗绸缎的日子了！"

生活就是这样，许多时候，我们要面对一些失去，但失去并不意味着真正的不幸，有一些失去，会让我们获得更多的回报。得与失从来都是平衡的，有所失才会有所得。失去了江河的宽阔，得到的是大海的万顷碧波；失去了土丘的错落，得到的是高山壮丽的巍峨。失去，也许是一种幸运，因为它会成为另一种生活的开始，让你因此而改变命运，改变人生。

用努力弥补差距

今天是决定实习生们谁留下的日子,我特别不愿意通知人离职,所以一般能留下的我就都留下,但是经济不好,岗位也没那么多空缺,注定四个实习生只能留下两个,另外两个必须走。跟领导商量以后,留下了小A和小B,他们一个从高中的时候就开始给各媒体投稿,发表作品比较多;另一个大二就来公司实习了,实习时间比较长,已经能独当一面了。

上午跟另外两个实习生谈离职的事,一个跟我说了自己的优势——在新媒体推广方面有点心得。我想了想,问了问朋友,正好有个新媒体推广的实习生职位,中午就推荐他去面试了,他说下午收拾了东西,明天直接去那边实习。我叮嘱他一些注意事项,送了他几本书,让他走了。

最后一个实习生的表现完全出乎我的意料,他向我絮絮叨叨地讲起他的经历:他家不是北京的,他没有关系可托;他刚实习没多久,还没什么经验做不了别的工作;另外他马上就该写论文了没时间找工作;还有就是他没发表过什么作品,出去找工作没有竞争力;还不忘提到他念的那所大学不是什么名校,别的单位不给机会;最后是他父母都是普通人,他不是富二代不能没有工作。他痛心疾首地说半天,最终总结就是:我让谁走,也不能让他走。

我问他有什么打算,他跟我说,我留下他,他去单位宿舍住,然后开始在北京打拼。我认为他误会了,我问的是,我不留下你,你的打算。他说他没想过我不留下他,他这么可怜,我怎么能不留下他。

我问他为什么没有提前找单位实习,他说一直在学校好好学习来着。我又有疑问了,好好学习,你一中文系的怎么没发表过什么作品?他说宿舍同学都打游戏,学习氛围不好。我说销售那边也缺人,要不我推荐你过去试试。他很坚定地告诉我,学中文的,干不了销售。我只好说我们现在没有职位空缺,有了我再通知你吧!

送走这个实习生,我想到了自己小时候。那时我们家离学校特别远,班上有个女孩她爸爸开车送她,她老是比我早到,老师也总是夸奖她,我就特别希望我也能早点到校。我跟我爸说让他送我,他不愿意。我让我妈搬家到学校附近,我妈也不愿意。我特别沮丧,直到爷爷说了一句"路远就早点出门"点醒了我。于是,每天上学我都提前出门,果然次次都在那女孩前面到学校。后来很多时候,我陷入被动的时候,都会想起这件事。我语文成绩不好,我就多读书。我上的学校不好,我就早点开始实习。我没关系,我就在工作上表现出色。用我自己的努力,弥补跟别人的差距。

留下的两个实习生里面,大二就来实习的那个男孩,他只是趁暑假大家都在打游戏的时候,决定每周用三个半天的时间来实习。我通知他入职的时候,他很高兴,说其实当年来的时候没想那么多,就是觉得可以试试而已。下午他给我发了这样一段话,我很有感触:

当你老了,回顾一生,就会发觉:什么时候出国读书、什么时候决定做第一份职业、何时选定了对象谈恋爱、什么时候结婚,其实都是命运的巨变。只是当时站在三岔路口,眼见风云千樯,你做出抉择的那一日,在日记上,相当沉闷和平凡,当时还以为是生命中普通的一天。

拯救是一面镜子

　　肯尼迪站在演讲台的台后，目光摇摆着焦灼，偷偷地望着卡辛眉飞色舞的演讲。肯尼迪紧紧地握着演讲稿，紧锁眉梢，不停地抬起手腕看着手表上的时间。时间永远不会停顿，一直往前跑。肯尼迪显得极度不安，不时地左右脚来回换动支撑倾斜着的身体。

　　今天这次演讲的意义非同寻常，是美国第35届总统肯尼迪宣誓就职的典礼。由于肯尼迪是天主教的教徒，特邀请主教卡辛担任仪式的监视和开场白的主持人。原计划一个半小时的仪式，卡辛开场白占用大约十余分钟，谁知卡辛一上台演讲就变了卦。卡辛说完开场白后，似乎忘记了今天的主角是肯尼迪，兴致大发，滔滔不绝。他的话题像飞机在空中的滑翔一般，一下子绕过了今天的演讲主题，大谈特谈天主教的教义。这样主宾倒置的做法，他仿佛浑然不知，说到动情之处，还手舞足蹈。时间一分一秒地过去了，肯尼迪看在眼中，急在心里。在这万人瞩目的场合中，他不便派人前去打断和制止。看样子，卡辛借助这次演讲的机会，要把全肚子里珍藏的天主教的教义全部倒出来。

　　情急之中，肯尼迪喊来秘书，吩咐他将演讲稿精简压缩，只有这样，或许能在预定的一个半时间内完成一系列的"任务"。

　　一个小时过去了，卡辛依然兴趣盎然演讲着。又过去十分钟……

　　谢天谢地，卡辛终于结束了他的长篇大论的演讲，肯尼迪长长地舒了一口气，立即登台宣读就职演讲。由于时间的缘故，秘书不得不将原来演讲长稿浓缩精简成52句话。由于演讲稿语言风趣精练，加之肯尼迪抑扬顿挫的演讲，台下掌声如潮，喝彩不断。虽然只占有仅仅十余分钟的演讲中，肯尼迪给观众留下极好的印象。

事后，肯尼迪风趣地对卡辛说："我这次成功的演说中，感谢您的长篇累牍的演讲占用了冗长时间，我不得不让秘书将我的长稿进行了删繁就简，压缩、再压缩。这样同台演讲中，两种风格鲜明对比，使得我的演讲给观众留下耳目一新的感觉，从而拯救了我的这次演讲！"卡辛听后，微笑着从口袋里掏出了一截烧焦了的电线说："拯救您的这次演讲成功的功臣不是我，而是我手中的这一截电线。"卡辛这一莫名其妙之举，让肯尼迪如坠云雾中，张口惊讶地盯着对方。卡辛进一步解释："我刚上台说完开场白，正准备让您登台宣讲就职演说。谁知，在台前不远处，我看见了有火花一闪一闪，还散发出一缕缕青烟，像点燃的炸弹信子。我当时心头一紧，非常吃惊。我不停地告诫自己，一定想方设法延长演讲时间，不能让您登台演讲，这样对您的人身安全威胁太大。就这样，我现场发挥，现编现讲，就把我的强项——天主教的教义搬到了演讲台。直到那一闪一闪地火花蹿到我目击看清楚的地方，我空悬的心才安全落下来。原来是虚惊一场，是台前老化了的电线短路打火所致……"听完卡辛的陈述，肯尼迪噙着热泪，激动地紧紧握住卡辛的手说："这次演讲让我明白了拯救真正的内涵与深意……"

后来，肯尼迪在日记中这样写道："眼见未必是实，耳听也未必是真。而卡辛用无色的爱和无声的情拯救着我的偏见与固执，给我上了一堂生动的人生课——任何事情的原委，不可以用臆断和猜疑加以定论，一定要揭开事情来龙去脉的本质与本真，这样，'拯救'一词就成了一面镜子，才能看清自己本来面目……"

赢得人生的每一站

大学毕业的第二年夏天,因为嫌工资低毅然辞职,打算另谋一份薪资稍丰厚的工作。可是,我高估了自己的能力,也低估了严峻的就业形势。投出去的简历石沉大海,而我稍微积攒的小"山"也差不多被我吃空了。那一段时间,成为我人生中最为迷茫阴霾的时光。每日醒来,都因为要重复绝望的生活而感到无力。

临近中秋节,一家食品公司招聘临时促销员,一天70元,工作13小时,如果表现出色,工资会变为80元每天,每个店中只能有一个;为期29天,中秋节为最后一天;其间不能请假,工资在完工的下个月与店员一起发。我快速地计算了一下,干完起码能得到将近2000块钱。于是,我去应聘了。

工作的第一天,在店内学习怎样卖面包及月饼。没有坐的地方,全天除了中午半个小时的吃饭时间,都是站着。外面还是夏天的光景,路边的树阴影影绰绰,看着行人的表情便知有多炎热。而店内,因为怕面包糕点在短时间内变质,空调调到很低的温度。这一天,我都感觉身心冰冷。我扪心自问,本科毕业,要不要做这样的工作来糊口?店里无论是正式的店员还是其他的临时促销员,都是初中文化,和她们在一起,无论是说话还是做事,都觉得内心有一种异样的感觉。

第一天结束回家的时候,已是伴着星辰。一路上,我的腿脚酸疼,只能踮着脚走路。但一想到,目前只有这份工作能挣到些钱,而且对于我的人生阅历来说,也是一次考验,我想看看自己能承受住多少辛苦。回到家,打开电脑,我在微博上记录下第一天,决定无论有多苦都坚持下去。

每天早上8点到店里,拖地、摆货、擦玻璃、搬成箱的月饼、清点月饼每日的数量……小腿因为长久站立，早上起床的时候总是肿的。一天下来，已经无法站稳。现在想来，我真的是在温室里长大的花朵，连洗碗之类的家务活，干的次数也能数过来。而如今，我需要真正地用力气，搬动每天运来的几十箱月饼，每箱有二三十公斤重。我突然意识到，生活远比我想象的艰难得多。

结束的时候，夏天已经过去。工作的最后一晚，中秋的圆月明亮地挂在天际。29天中，有两个晚上，是一路哭着走回家的。疲惫和委屈不断搅动内心的柔软，泪水止不住地流，为生活的艰辛，为自己的不争气，也为对未来充满迷茫和未知的恐惧。

我重新审视着自己的这双手，如今，上面布满了因为叠礼盒被划破的小口子，还有拖把磨出的一层薄茧。我终于知道，我的双手，不仅有握住笔的力量，也有能力来承受生活的重量。

最终，我成了店里唯一领80元日薪的人。我微笑着眯起眼看秋日的阳光，不管未来怎么样，这一站，我赢了。

心态决定高度

有一段时间，在孤灯之下，我常常面对着一摞厚厚的稿纸而迷茫无措。因此，我会渐渐地陷入一种深深的困惑之中，开始怀疑自己的选择。这时候，总会感觉有一个陌生的声音，在我的耳畔不停地聒噪着："你有能力吗？为什么许多比你起步晚的人都已经功成名就，而你仍默默无闻呢？"于是，在这种无休止的、冰冷的话语的逼问下，一种近似消沉畏缩的心情悄然袭来。原来，陷入怯懦竟是如此容易。然而接下来，当我想要摆脱它的时候，才发现自己要付出极大的勇气和努力。

有一天，我终于惊醒，当一个人的心态出现问题的时候，会浪费许多宝贵的精力，这比做错一件事情，更加令人感到可怕。以后，再遭遇挫折或悲痛的时候，我开始这样对自己说："虽然你的每一次努力只有一粒种子的收获，但是只要积累起来，同样可以播撒一大片土地。挫折和痛苦只是暂时的，你一定拥有一个丰硕的收成！"

对于我们每一个人来说，拥有一种自信、快乐的心态确实很重要！

有这样一个故事：一位禅师从一个石场经过，见到两个石匠在挥汗如雨地做工。他问了两个石匠一个相同的问题："你们为什么要从事这项艰苦的营生呢？"第一个石匠擦了擦额头上的汗水，回答说："我没有别的本事，只能借此谋生。"第二个石匠却凝视着遥远的天空，郑重地回答说："我正在为建造一座壮丽的寺院而做准备。"禅师微笑着朝第二个石匠点了点头，并赞许道："生命送给你的，也将是一座壮丽的寺院。"

后来，第二个石匠成了一位著名的雕刻师，而第一个石匠仍是一名普普通通的石匠。

为什么同样做一件平凡的事情，有的人已经非常成功，有的人却踯躅不前呢？排除机遇的因素，恐怕大都因为缺乏一副自信的胸怀。

心态能够决定一个人的高度。

一位哲人曾经说过："你最大的对手就是自己。"其实，自己是很脆弱的。只有找到一种积极的心态，自己才会坚强起来，再经历痛苦与磨难的时候，才能够顽强地挺直脊梁。

在我的朋友圈里，张君算是比较成功的一位。在他办公桌对面的墙壁上，挂着一幅他亲笔写的铭文："人生是重荷下的一只蚂蚁，动力是走出困境的唯一途径。"

几年前，张君创办了一家服装公司，由于市场原因，赔得很惨。之后，爱人又跟他离婚。当时，张君的艰难处境可想而知。也许是为了短暂地逃避现实，他经常独自到附近的一个树林里去散心。有一次，他偶然发现脚底下一个微小的生命在蠕动。那是一只被枯枝压在下面的蚂蚁，为了摆脱身上的重荷，在苦苦地挣扎。不知过了多久，蚂蚁终于从重它千百倍的枯枝下面爬了出来。而此时的张君已经热泪盈眶。现在，张君的公司已经颇具规模，而且重新拥有了一个温暖的家庭。是那只勇敢的蚂蚁给了他站起来的力量，他经常这样对别人说。

生活本身是平凡的，需要你怀着一颗坚韧而快乐的心来面对它。只有这样，你才能在平凡中找到一种积极向前的动力，在艰辛的跋涉中体味人生，最终赢得丰厚的收成！

先把花盆经营好

我上大学时，憧憬着毕业以后干一番大事业。为了锻炼自己的能力，进学校后的第一件事就是在学校附近找一份兼职。大学4年，我都过着边学习边打工的生活。

大学毕业时，我已经不满足于"小场面"，决心进一家大公司，借此在事业上迈出辉煌的第一步。

经过一年多的奔波，我进了一家科技公司。公司不算最好的，但前景广阔，我鼓足干劲，力争业绩一流，希望获得更大的发展。功夫不负有心人，年底考核，我的业绩靠前，公司表扬了我，给我加了薪。此后我的业绩一直不错，但没有获得升迁的机会，而且连工资也不再见长。询问后才听说，市场竞争剧烈，公司效益不好。我有点懊恼，觉得自己留下有些大材小用，便提出了辞职，想跳槽去更好的公司。

几个月后，我又进了一家新公司。公司老板赏识我，说好好干，一定给我机会。在新公司，我更加努力，年年争优。两年下来，我成了公司上下皆知的能手。与此同时，一家世界五百强向我发出了邀请函，我动了心。虽然公司一再挽留，但我还是辞了职，到了那家公司。

到公司后，我无法适应公司的工作，只好另寻了新公司。就这样，在短短几年间，我跳了好几次槽。原本以为会飞黄腾达的我，却一直处在"新手"的位置，转了几个圈，还站在起点。

而当初进一家小公司的同寝室同学小易，却在这几年间，先是做上了公司副经理，后来又独自创业，成立了自己的公司，事业做得红红火火。而我，由于在职场里磨了太多时间，信心和雄心几乎消磨殆尽，最后只得安于现状，工作越来越不顺，最后差点找不到工作。

30岁那年，由于业绩直线滑坡，公司炒了我的鱿鱼。我四处寻找，最后，小易向我发出了邀请，我有些惭愧，不想接受。小易找到了我，跟我讲了他的经历，最后，说了一句话："雷哥，你就是眼光太高，处在花盆里眼睛望着花坛，处在花坛中，眼睛又望着花园，最后什么都没有经营好。"

我恍然大悟，原来这么简单的道理，我却由于自傲把它忽视了，连自己的花盆都没经营好，就要去经营一座花园，我丢掉了站立的基础。听了小易的一番话后，我接受了他的邀请，进了他的公司。

进了小易的公司后，我一心一意做事，几年后，我和小易将公司创办得越来越大，开了分公司，我也有幸成了分公司经理，终于看到事业开花结果。

历经曲折的我终于懂得，职场里，一定要先经营好自己的花盆。

卖梦者

我推销的是在人心中那个对美好生活的追求和梦想。

人人心中都有美好的梦想，
都渴望梦想成真，
所以对商家来说，
也许最好的推销方式，
就是把你的梦想卖给你。

小提琴碎了之后

自从上学以后，乔伊·巴罗斯就成了同学嘲弄的对象。也难怪，放学后，别的18岁男孩进行篮球、棒球这些"男子汉"的运动，可乔伊却要去学小提琴！这都是因为巴罗斯太太望子成龙心切。20世纪初，黑人还很受歧视，母亲希望儿子能通过某种特长改变命运，所以从小就送乔伊去学琴。那时候，对于一个普通家庭来说，每周50美分的学费是个不小的开销，但老师说乔伊有天赋，乔伊的妈妈觉得为了孩子的将来，省吃俭用也值得。

但同学不明白这些，他们给乔伊取外号叫"娘娘腔"。一天乔伊实在忍无可忍，用小提琴狠狠砸向取笑他的家伙。一片混乱中，只听"咔嚓"一声，小提琴裂成两半儿——这可是妈妈节衣缩食给他买的。泪水在乔伊的眼眶里打转，周围的人一哄而散，边跑边叫："娘娘腔，拨琴弦的小姑娘……"只有一个同学既没跑，也没笑，他叫瑟斯顿·麦金尼。

别看瑟斯顿长得比同龄人高大魁梧，一脸凶相，其实他是个热心肠的好人。虽然还在上学，瑟斯顿已经是底特律"金手套大赛"的卫冕冠军了。"你要想办法长出些肌肉来，这样他们才不敢欺负你。"他对沮丧的乔伊说。瑟斯顿不知道，他这句话不但改变了乔伊的一生，甚至影响了美国一代人的观念。虽然日后瑟斯顿在拳坛没取得什么惊人的成就，但因为这句话，他的名字被载入拳击史册。

当时，瑟斯顿的想法很简单，就是带乔伊去体育馆练拳击。乔伊抱着支离破碎的小提琴跟瑟斯顿来到了体育馆，"我可以先把旧鞋和拳击手套借给你，"瑟斯顿说，"不过，你得先租个衣箱。"租衣箱一周要50美分，乔伊口袋里只有妈妈给他这周学琴的50美分，不过琴已经坏了，也不可能马上修好，更别说去上课了。乔伊狠狠心租下衣箱，把小提琴放了进去。

开头几天，瑟斯顿只教了乔伊几个简单的动作，让他反复练习。一个礼拜快结束时，瑟斯顿让乔伊到拳击台上来，试着跟他对打。没想到，才第三个回合，乔伊一个简单的直拳就把"金手套"瑟斯顿击倒了。爬起来后，瑟斯顿的第一句话就是："小子，把你的琴扔了！"

乔伊没有扔掉小提琴，但他发现自己更喜欢拳击，每周50美分的小提琴课学费成了拳击课的学费，巴罗斯太太懊恼了一阵后，也只好听之任之。不久乔伊开始参加比赛，渐渐崭露头角。为了不让妈妈为他担心，乔伊悄悄把名字从"乔伊·巴罗斯"改成了"乔·路易斯"。

5年以后，23岁的乔已经成为重量级世界拳王。1938年，他击败了德国拳手施姆林，当时德国在纳粹统治之下，因此乔的胜利意义更加重大，他成了反法西斯者心中的英雄。但巴罗斯太太一直不知道人们说的那个黑人英雄就是自己"不成器"的儿子。

说出你的答案

发出简历仅仅是第一步,要成功拿下大公司的Offer,往往还必须通过不止一轮的高难度面试。尽管如此,不少人仍会为获得大公司的面试机会而感到兴奋——它至少反映了自己在某些方面得到的肯定。

那些被视作可以检验智商的大公司面试题,在网络和顶尖高校的BBS上长盛不衰地广泛流传着,与之伴随的,则是各式各样确定或不确定的答案。

"不使用磅秤,如何帮一头大象称重?"这是应聘IBM软件工程师的人必须知道的;而想要得到高盛分析师的职位,可能你就得先回答"如果被缩小成一支铅笔大小并被放在搅拌机内,你要如何逃脱?"

国外有专门总结出对付这类怪问题的攻略的小册子。一般来说,大型跨国公司会设立内部人才测评中心(Assessment Center),根据公司的用人要求变化,不断设计和调整招聘的流程和问题内容。

面试主要想考查的是应聘者以下几方面的能力和状况:

[应变能力与创造性]

对应问题:没有答案、基本也无法事先准备的问题

怪问题的一大特色就是不一定有答案,有时面试官在提问时甚至还会故意隐匿掉关键信息,此时,考查的重点就是你能否想到,如何利用有效途径迅速获得自己所需的支持性信息,就是所谓的"看反应"。

据说微软有一题"如何在三句话内向你的奶奶解释Excel的用法"。后来这道题中的对象和产品被改变后,形成了多个版本运用于各类招聘

中。针对这种题目，即使事先准备，结果也可能是挂一漏万。

不少公司都会看重员工的创新思维，面试官想要借此考查的，正是应聘者的思维速度和发散性思考的能力。

[与行业特性相关]

对应问题：视具体情况

百威英博全球管培的招聘中，会进行包括逻辑、企业文化适应、商务模拟等一系列的测试。应聘花旗的管理培训生项目，则需经过笔试、团队讨论、一对一面试这样的流程。百威英博将领导力、商业敏锐度及逻辑能力设置为该项目的核心标准；对于花旗来说，除了对领导力、团队合作、沟通能力和决策力等进行综合考查以外，还会特别注重候选人对金融市场的敏锐性和分析能力。

从事快销行业的公司人，更多具有外向热情与喜爱挑战等个性，相较而言，对银行业来说，从业者的"规范性"则尤其重要。

[逻辑分析能力]

对应问题：偏重知识基础的逻辑问题

很多公司都将逻辑分析能力视作一个应聘者是否足够"聪明"的标志，这也几乎是涉及技术、工程、管理、研究分析等工作的必备素质之一。因而在林林总总的怪问题中，有很多看似花样翻出，实质考查的就是逻辑推理、数理统计方面的基础知识，也被一些年轻人戏称为"小学奥数题"。

这类偏重"实学"的问题，绝大多数都有标准答案，但你的思维模式与方法可能更会引起面试官的关注和兴趣。例如IBM曾经采用过的"到底有几条病狗"的推理题，如果你能想出答案，也需考虑如何在阐释过程中尽量体现自己的逻辑严密性和思维活跃性。而想不出答案时，展示出你在陌生环境中头脑冷静、遇事镇定的一面或许也能为你的面试表现加分。

[态度、进取心及工作意愿]

对应问题：偏重主观性的开放式问题

的确，益智问题是不能反映你的编程能力，但是请记得，谷歌的软件工程师的素质要求构成，一定大于"好奇心+对恶作剧似的招聘流程的忍受+数学高手"这样的组合。

于是，为了在态度、进取心以及工作意愿等方面试探应聘者，面试官往往会采用一些涉及面相当宽泛的开放式问题。

如果面试官设定了一个与现实情况基本颠覆的场景，来询问你的做法，给出一个天马行空的方案只能证明你还保存着足够丰富的想象力。而一个具有说服力的回答通常是告知对方自己将如何把技能和知识最大限度发挥，同时表明自己的热情和挑战欲，让对方觉察到你对工作有足够的动力和进取心。对于这类问题甚至最后得到面试官欣赏的，还可能正是你的个人风格与价值观。

[弱点、自信心与自我期待]

对应问题：比较性的或从心理学测试中演化

在需要让应聘者进行自我评估时，公司通常不会直接询问，而是设置一些比较性的问题来考查。看似不着边际的两样事物，或者抽象的两种概念，在你进行选择、比较和阐述的过程中，面试官能够对预先的期待或初步形成的印象作一个大致检验。

有一种说法是，任何表明自己的某一技能比另一技能好的回答都是在暴露自己的弱点。且先不论这是否是事实，但是虚晃一枪把优点伪装成短处的说法，已经被公认为小聪明多过真智慧。

其实，不少"怪问题"是借鉴了心理学上的相关测试，进行了改编，看似不着边际却都皆有所指。作为职场人士要考虑的就是，让回答体现自己的适应能力和成熟度。

1. 你有一桶果冻，其中有黄色、绿色、红色三种，闭上眼睛抓取同种颜色的两个。抓取多少个就可以确定你肯定有两个同一颜色的果冻？

(根据抽屉原理，4个。)

2. 向两个人问路，一个是诚实国的，一个是说谎国的，前者永远说实话，后者永远说谎话，你要去说谎国，该怎么问他们？

(问其中一人：另外一个人会说哪一条路是通往诚实国的？)

3. 把一盒蛋糕切成8份，分给8个人，但蛋糕盒里还必须留有1份，如何做？

(把切成的8份蛋糕先拿了7份分给7人，剩下的1份连蛋糕盒一起分给第8个人。)

4. 有23枚硬币在桌上，10枚正面朝上。假设别人蒙住你的眼睛，而你的手又摸不出硬币的正反面，如何用最好的方法把这些硬币分成两堆，使每堆正面朝上的硬币个数相同。

(分成10+13两堆，然后翻转10的那堆。)

四亿美元的台词

迈克尔·巴弗是美国拳击比赛的一位主持人,他那拖着超级长的男中音给人留下深刻印象。2011年12月8日,他不曾挥出过一记重拳,也没有培养过一名拳击手,却成功进入美国的拳击名人堂。

他有一句非常著名的主持台词,几乎是他标志性的"口头禅"。"Let's get ready to rumble(让我们轰然向前吧)!"就是这句能使观众情绪很快High起来的解说词,不但成了他的独特用语,还被他注册成商标,创建财源和商机。

20世纪80年代初,他的最早职业是模特,名不见经传。有一天晚上,他和妻子正在家里观看一场拳击赛的电视转播,妻子无意中说:"亲爱的,你也能登台做拳击赛的主持人。"他由此燃起心中激情。

1984年,他创造性地发明了一句新的解说词,当他身穿黑色的无尾礼服,以拳台为圆心,庞大气场不断向外扩展,介绍完拳手、教练等一系列人员,他头脑发热膨胀到极点,突然拖着超级长的男中音:"Let's get ready to rumble(让我们轰然向前吧)!"声音洪亮欢腾,隆隆作响,让人热血沸腾。

人们还没有忘记在1996年底至1997年年初,泰森和霍利菲尔德之间展开的两场举世瞩目的"世纪大战",他作为拳击赛的主持人,更使得这句招牌式的主持词发布更广,名气更大。而这句"口头禅"式的台词,早已在1992年就被他注册成商标。

1999年,他第一次当嘉宾主持在印地举行的赛车大奖赛上出场,这句台词就变成了"让我们飞驰起来吧"。2000年,他的这句话被改成"让我们安全地向前吧",真人录音被纽约出租车工会录用,以提醒司机师傅系好安全带。据报道称，当时司机受此广播影响，不系安全带比例明显下降。

因此，在过去的二十年里，他的声音及台词只要出现在某个电影、电视或者游戏中，他都能从中捞到一笔钱财，只要哪个机构使用了这句话，他的家人就会专职收钱，讨要商标使用费。迄今为止，他仅凭这句话，就已经赚到了四亿美元，成为用独特声音和语句缔造财富奇迹的神话。

在每个成功背后，都有着可复制或不可复制的传奇和魅力。最重要的就看你如何继承和发扬前辈的人生智慧和成功经验，因为巴弗也是在承接前辈的智慧精华和实践经验的基础上，开发出自己独特的主持风格和气场影响力的。

巴弗认为，在拳台主持方面，严格按照传统格式化操作，会把观众的热情和拳击手的激情冷却，于是他想到拳王阿里说过的一句话："像蝴蝶般飞舞，如蜜蜂般蜇叮，向前吧，年轻人，向前吧！"并结合赛车场上的煽动性口号："先生们，把引擎发动起来吧"等，才最终诞生了这一句"让我们轰然向前吧！"的主持词，作为他的招牌口语。

很显然，巴弗的聪明才智更朝前多走了一步，他把台词注册成商标后，以拳击运动的强大效应作为助力推动器，抢先占据商机，推向市场，开挖财源，坐收财富……这正是他仅凭一句台词，何以卖了四亿美元的奥秘。

下水管道里的旅馆

在德国西部的特罗普市有一个贝尔纳公园,那儿的草坪上摆放着5根下水管道。是公园正在进行施工吗?非也。这里是一家旅馆,下水管道就是这家旅馆的客房。

这是德国第一家下水管道旅馆。旅馆由5根长3米、重11.5吨、直径2.4米的混凝土管道组成。管道的一头被封住,另一头装置了淡黄褐色的特制石门,每一根管道就是一间客房。客房内,陈设简单而别致:一块木制床板架在两边管道壁上,床板上铺一张床垫,一个棉布缝制的睡袋,两条毛毯和两个枕头,床头柜上摆一盏台灯……下水管道旅馆,麻雀虽小,五脏俱全。盥洗、如厕、照明、厨灶等设施,一应俱全。

这5根废弃不用的下水管道,曾经令贝尔纳公园的园长格雷戈尔·埃弗斯头疼不已。它们摆放在公园的草坪上,成了一些无家可归的流浪汉的栖身之所。一到夜里,很多衣衫褴褛的流浪汉,带着一身醉醺醺的酒气,翻过围栏,钻进下水管道里睡大觉。第二天,管道的周围就会遗留下大量的垃圾、酒醉的呕吐秽物,甚至是尿液、粪便。每天,埃弗斯都要指派专人负责清理干净。有时,流浪汉们为了争夺"地盘"还大打出手,给公园带来了不安定的因素。

为绝后患,必须斩草除根。于是埃弗斯打算雇佣吊车把那5根惹祸的下水管道吊走。那天,埃弗斯的老朋友——奥地利艺术家安德烈亚斯·施特劳斯恰巧前来看望他,他抬头看了一下那5根下水管道,突然对埃弗斯说:"你其实不必这样劳师动众、大费周章,你何不'借力打力',把它们建成一个新颖别致的下水管道旅馆呢?这样既能为公园增添一处景观建筑,还能带来一项额外的收益。"

几个月后，一座新颖别致、造型独特的下水管道旅馆就改造成功了。营业广告打出仅两周，便收到了300多份预订客房的申请。那么，下水管道旅馆究竟有何独特之处，能吸引众多客人趋之若鹜呢？

安静的小环境。混凝土构造的下水管道，隔音效果非常良好，特别能营造出一个远离尘嚣的安静小环境，为那些生活在快节奏、压力大的职场男女提供一个相对闲适、温馨的独处空间。更为一些情窦初开的甜蜜情侣，营造了一个不受外界干扰的、与爱侣独处的二人世界。

奇特的入住方式。旅馆不设前台接待，客人入住旅馆得事先预订，预订完全通过互联网络。如果你预订成功，就会收到一个类似阿里巴巴式的客房开门密码的手机短信。客人前来入住时，只要口中念出"开门密码"，特制的石门便会自动"芝麻开门"了。

新颖的"埋单"理念。客人离开结账时，付多少费用不是由旅馆经营者说了算，而是由客人自己决定。客人想付给旅馆多少钱就付多少钱，仅凭客人的一张嘴，一颗心。虽然旅馆客房的合理价位大约为每天20欧元，但迄今为止，每位客人的付账都远远超过了这个价格。

令人费解的"限住令"。下水道旅馆住宿手册上明确规定：每位客人最多只许连续住宿3天，之后必须离开。对于这个令人难以理解的规定，下水道旅馆最初的创意者奥地利艺术家安德烈亚斯·施特劳斯给出这样的解释：3天是人们对他自身所处环境保持新鲜感的极限时间。3天后，人的心情就会像死鱼一样开始发臭，会开始逐渐厌倦他所处的环境和氛围。所以在客人还未厌倦这个环境氛围时，马上"赶"他离开，能让他始终保持一种意犹未尽的新奇感，他才会对这里恋恋不舍、回味悠长，才会津津乐道地把这种独特、新鲜的住宿体验传递给他周围的人，吸引更多的人前来这里体验，当然也包括他再次光顾。

如今，很多人都慕名前来贝尔纳公园参观这家下水管道旅馆，使昔日门可罗雀的公园又热闹起来、游人如织，公园也因此获得了一笔不菲的收入。

另辟蹊径，变废为宝，小小的一个创意，就能化腐朽为神奇。把废弃、碍眼的下水管道变成了吸引游人的公园景观建筑，还为公园带来不菲的收益，这着实让我们领略到了创意的独特魅力！

橡皮章上的世界

[橡皮章的世界]

在制作橡皮章的圈子里，晓兰有个外号叫"大神"。见过她刻的橡皮章的人，会被那些刻章下栩栩如生、活灵活现的动画人物所吸引。萌态各异的印章图案似有生命，与彩色的印台染料融为一体，轻轻一压，纸上便出现了另外一个奇妙的童话世界。

一次偶然的机会，晓兰在微博上看到了别人的橡皮章作品，瞬间就被各种可爱的图案给深深地迷住了。晓兰的大学专业是学前教育，教小朋友画画是她的工作之一。有画的基础，加上平时又喜爱做手工，于是满腔热血的她就在网上找了许多关于制作橡皮章的自学教程开始尝试了。晓兰说，其实刻橡皮章上手并不难，看懂了教程，刻3~4个就能大致了解整个制作过程了。但是之后，要追求图章的精美，就需要长时间的练习了。"对于初学者来说，要多看教程和别人刻的章子，但别人的经验总归是别人的，最重要的还是自己要多尝试。"刚开始练习，她拼命地找了各种素材来雕刻，刻完之后就拍照上传至微博，和她的朋友们一起分享。渐渐地，有喜爱她作品的人过来询问，能否专门定制橡皮章。这也正给了晓兰开淘宝手工店的契机。

[有爱才会有好章]

如今，晓兰刻一个5x5cm的章大概只需20~30分钟。但她说，自己曾经刻过时间最久的一个章，除却吃饭时间，连续了12个小时。"那个章子相当费事儿,但当时心里一心只想着早点把它刻完,又快又好地交给买家,完全心无旁骛。"

晓兰说,一个手艺上乘的橡皮章,需要的是干净的留白和流畅整齐的线条,但最重要的还是要有"爱",用心地去挑选图片,全神贯注地雕刻,每一刀都蕴藏着自己对于橡皮章的理解与某种特殊感触。

当然,她也经常会失败。比如一不小心把卡通人物的眼睛刻掉了。不过,就是在这样不断地成功与失败中,晓兰的技术也愈发纯熟。

最令晓兰欣慰的是,她的执着也感动了妈妈,起初反对她整日宅在家里刻章的妈妈,看到了她的努力与用心后,渐渐地也接受了,甚至有时还会帮她参考,给她意见。

[想做一辈子手工]

其实晓兰可算是个手工达人,除了刻橡皮章,黏土、软陶、刺绣、水晶滴胶她样样都在行。特别是黏土,玩的历史甚至在刻橡皮章之前。"朋友偶然的一句话,让我觉得把黏土和橡皮章放在一起来做成立体章是个很不错的主意,我尝试了之后觉得效果也特别得好。"所以在晓兰的小店里,立体章就成为她独一无二的"镇店之宝"。

当然,晓兰还是个乐于分享的手工爱好者。现在她的各种手工教程被诸多杂志网站刊登与转载,她相当乐意把自己的手工经验拿出来与大家一起交流。她说,以后会努力地出更多的教程,让有兴趣的朋友都能体会到手工的乐趣。

最后,晓兰还谦虚地说,自己其实称不上达人,只是一个喜欢手工的普通女孩儿。于是,问她现在的梦想是什么?她轻描淡写说:"能做一辈子手工,因为创造是很有成就感的。"这便是一个平凡的手工爱好者内心最真实的声音。

天文财富记

她是一个骨灰级天文爱好者,为了能看到百年难遇的日全食,她不惜辞职,变卖心爱之物,只是为了能亲身一睹奇观。然而她却从中寻找到了商机,建立了一所天文俱乐部。

[追日,追出来的创业灵感]

2008年,曾荃英从湖南师范大学毕业后,她来到了广州,凭着出色的表现,很快进入了一家外资公司,做业务销售。工作之余,曾荃英最大的爱好,就是和天文爱好者相互切磋。

转眼,到了2009年情人节,曾荃英去同在广州的姐姐曾莫英那里玩耍,正好遇到了姐姐的同事钟志龙。钟志龙性格开朗,喜欢旅游。两人一见钟情,很快陷入了热恋之中。

4月22日,即将迎来一场视觉盛宴,届时地球、金星、火星将在东方低空近距离相遇,这天又恰逢农历二十八,一弯残月犹如镰刀,天空中的两个"弯月"会让观测者倍感神奇。曾荃英早就盘算了,去衡山观赏。

4月21日,曾荃英向公司请了一周的探亲假,两人带着望远镜、观测仪,登上了到衡山的汽车。在衡山玩了一周,两人才意犹未尽地回到广州。

7月18日,曾荃英再次以父亲病重为由,向公司请假。因为她请了一次探亲假,公司人事部谨慎地和曾荃英家人进行核实,被证实并无此事。公司经理狠狠批评了曾荃英一顿,并打算派她去云南出差。

眼看自己即将与日全食擦肩而过,曾荃英是又急又气,经过一夜思考,她决定辞职。为了筹集旅行经费,她把自己珍藏多年的一块瑞士手表低价贱卖了,把刚买的笔记本也折价卖了。但还差钱,曾荃英只好向姐姐曾莫英求救。当得知曾荃英辞职、借钱,只是为了去成都看日全食,姐姐愤怒了:"你可真野啊。为了看个日全食,跑那么远,连好好的工作都不要了。"父亲也打来电话,大骂她不孝,并责令她迅速回家。

但此时的曾荃英犹如上了弦的箭,7月19日下午,曾荃英和男友钟志龙一起踏上了列车。因为旅途太过劳累,再加上心理压力太大。曾荃英病了,住进医院,这一待就是两天,有关日全食的消息,也只能在报纸上看到。

从医院出来,曾荃英依然愁眉苦脸。男友钟志龙若有所思地说:"这样来回奔波也不是办法,为什么不弄一个俱乐部,足不出户就可以观看到各地的天文奇观呢……"曾荃英先是愣了一下,继而一拍大腿说:"对,就这么干。"

[弥补遗憾:天文俱乐部横空出世]

2009年8月13日,曾荃英用男友家里资助的5万元,在广州火车站附近的一条巷子里开了自己第一家天文俱乐部。这个地方,是她和男友反复考察定下来的,不仅租金便宜,而且人气也很旺盛。小店分两层,楼上是天文观望台,有一台望远镜,两台天文观测仪,一书架的天文书籍。楼下分三个小房间,一间天文景象展厅,一间投影室,一间交流室。装饰材料都是仿照上海天文馆设计的,如果不是地方太小,观众会以为真进了国家级天文馆。

第一天开业,小店里就人满为患。因为消费不贵,又时髦,许多年轻人喜欢在下班后或者周末来转转。考虑到南方很多人都没有看到完整的日全食过程,曾荃英动用了朋友的力量,她将朋友们传来的影像资料,找了家专业摄像馆,进行剪辑和整理,制作了一个完整的日全食视频,又在门口贴了一张2009年天文观测指南。

生意就这样在意料之中,一天天好了起来。2009年9月17日,将上演天王星冲日奇观,9月23日,用望远镜能观察到4颗完整的著名的伽利略卫星。2009年9月1日,曾荃英推出了"天文爱好者会员"制,一旦加入,会员们就可以把自己观测拍摄的视频传过来,收入按照三七分成支配。这对于全世界各地的骨灰级天文发烧友来说,确实是个天大的好消息。短短一周时间内,通过网络、短信报名的人数就超过了1000人。

2009年11月15日,曾荃英的店里迎来了一位重要客人,乔治·泡森。泡森是美国塔夫斯大学的教授,也是一名天文资深专家。这次他特意带来了一台40厘米双筒折射望远镜,两箱子珍贵书籍。第一箱为仿制文物和仪器,比如有丹容菱镜等高仪、清代漏壶、氢原子钟等等,虽是仿品,但做得足能以假乱真;第二箱为中外天文学杰出人物的照片和近现代运用观测仪器所拍到的成果,比如人类历史上第一次拍摄到的太阳黑子照片,就弥足珍贵。

此时,距一年一度的狮子座流星雨爆发,只有两天。曾荃英正在为缺少深度望远镜发愁,泡森教授的到来简直是雪中送炭。在曾荃英的盛情挽留下,泡森教授待了三天,也主讲了三场天文知识兴趣讲座。离开时,他伸出大拇指说:"一个弱女子,就能办出这么高水平的天文馆,真令人惊讶,中国女人,很了不起。"

[天文风暴旋出财富大舞台]

随着双子座流星雨的到来,曾荃英的生意越来越好,人也越来越忙碌了。在经过一段时间的深思熟虑后,荃英创意工作室成立了,工作室专门以设计各种各样的天文产品为主。比如"狮子座双星兔",小巧玲珑的情侣兔子上缀满流星雨的图案就令人爱不释手;"追日太阳帽"就是以2010年1月15日的日环食为背景图案,既时尚,又实用;粉红色的"双月映日"抱枕,由于采用高质量棉絮所做,让人抱着它睡觉,既前卫,又耐用……

对于2010年的日环食景观,曾荃英很早就拿出了自己的计划,她决心利用这次千载难逢的机会,组织一次大理追日行动,以弥补去年的遗憾,为了提高人气,活动还设置了三个奖项,最高奖项是一架价值万元的天文望远镜。曾荃英的追日计划一公布,立刻受到了天文爱好者的追捧，短短一周内，报名人数就达到了1000人。曾荃英最终挑选了50人组团去大理茶马古道开展科普旅游及观测活动。为了让其他天文爱好者能够欣赏到这一天象奇观，所有的视频资料同时传到俱乐部的电脑上，进行同步直播。

如今，她的俱乐部已经拥有员工十名，所创造的纯利润达到40万元。曾荃英兴奋地对男友说："没想到，我这个比男孩子还野的女孩子竟然也能把天文爱好转变成生产力，而且竟然越做越大，我相信有一天，我的俱乐部能开遍中国的每一个城市，天文迷也将遍布大江南北。"

水房子

在南美洲秘鲁，有一个叫汪澳维利卡的地方，这里的老百姓祖祖辈辈用一种神奇的矿泉水来盖房子。这种矿泉水盖成的房子，一点也不比我们用钢筋水泥建造的房子差，它们不仅造价低廉，而且非常美观、实用。

原来，汪澳维利卡这个地方的水，真算得上是名副其实的"矿泉水"，里面富含大量的石膏、石灰、石英等矿物成分。当地居民在盖房子前，都会在房址的地基上先做好一个个砖模子，然后再用一根长长的管子把附近山上的矿泉水导引过来，灌到这些砖模子里。然后聪明的当地人就把接下来的任务交给太阳了，让砖模子里的水在强烈的阳光下持续曝晒。过了一段时间以后，砖模子里的水蒸发殆尽，就会凝结成一块块坚硬的"砖块"。这样，房子的主要墙体就建好了。

如果说汪澳维利卡人的"水房子"是利用大自然的原始馈赠，那么目前，美国科学家对特殊的"水建筑"的研究则更富有科技含量了。

在2008年西班牙萨拉戈萨世博会上，一座设计新颖、独特的"水房子"就曾吸引了无数观众的目光。它后来还被美国《时代》周刊评为2007年最佳的科学发明。

这座"水房子"主体部分完全由水构成，正门及墙体实际上只是悬挂着的一道道水幕，当人们进出大门时，水幕会自动向两边分开。房子的墙体设计蕴含着科学家的匠心和智慧，它不仅是一面面水墙，同时还是一个个超大的"显示器"。一面面水墙由数千个小喷头喷发而成，数千条涓涓细流组成令人眼花缭乱的"大屏幕"，这些喷头通过由电脑控制的传感器，进行开关和速射，形成绚丽多彩的画面，而且图像和文字的清晰度非常高。"水墙"里的传感器特别灵敏，当某个人或物体从外面靠近它时，它能够迅捷地感应到，然后迅速改变水流形状，并且自动拉开一道门，以便让人或物体通过。待人或物体穿门而入之后，传感器则会将自动"水门"关上。

更让人不可思议的是，这座巨大、神奇的"水房子"可以在顷刻间消失不见。像某些科幻电影里的镜头那样，它的屋顶可以从数米高的地方迅速降至地面，像海市蜃楼一般，眨眼之间从人们的眼前消逝，不留一丝痕迹。原来"水房子"的顶部是一个纤薄的水层，房子内部有一个巨型的活塞，房顶在活塞推动下，可以上下自由地浮沉。

置身于这样灵动而富有科幻意味的房子里，我们不禁会产生这样的感叹，科学就像那圣洁的智慧之水，正在一天天冲洗着我们的大脑，刺激着我们的神经，给我们带来一场场神奇的魔术表演。她用一种非凡的魔力，让我们在平凡的现象中见证奇迹，这种魔力有个时尚的名字，就叫作创造。

偷袭营销

重大体育赛事几乎总是大企业争夺广告的战场。要想在赛会上露脸，不花大笔银子是不行的，但是有些聪明的企业却光明正大地占赛会的便宜，让痛下血本的赞助商们气得干瞪眼。

在2002年的美国盐湖城冬季奥运会上，百威啤酒是指定产品，所有的百威啤酒罐上自然都炫耀地印着"盐湖城奥运会指定啤酒"的字样。然而当地一家名不见经传的小啤酒厂却在自己的包装上写着"盐湖城奥运会非指定产品"。这让主办方无可奈何，人家说不是你指定的产品也不犯法啊。可是消费者却被这个"非指定产品"吸引住了，小啤酒厂赚了个盆满钵盈。

在1984年的洛杉矶奥运会上，日本胶卷巨头富士耗费巨资成为全球官方赞助商，它的标志出现在奥运会的每一个场馆里。富士满以为可以在这次盛会上出尽风头，压倒对手。准知它的美国竞争对手柯达根率就不打算在奥运会场馆上较劲，而是选择了赞助ABC电视网。结果ABC电视网转播的奥运会所有赛事，屏幕上都打上了柯达的品牌标识。于是柯达在没有付出高昂赞助费用的前提下，成功地在美国本土举行的奥运会上捍卫了自己的市场。相比之下，富士的市场占有率虽然从奥运会之前的11%提升到了15%，但并没有赚回巨额的奥运赞助费。柯达"偷袭营销"的收益比率无疑优于富士的大手笔。

在2002年世界杯上，贝克汉姆明明是百事可乐的代言人，但由于可口可乐公司是英格兰足球队的官方赞助商，于是可口可乐公司将贝克汉姆身穿英格兰队服的照片印在了专门为世界杯生产的可乐瓶上，让很多消费者误以为贝克汉姆是可口可乐的代言人，这也让百事可乐吃了个暗亏。

在偷袭营销中，耐克公司的表现堪称经典。

在1996年的欧洲杯足球赛上，耐克没能成为官方赞助商，因此被拒之赛场门外。不过，耐克公司却玩了一招绝的——它花了100万美元控制了比赛场地周围所有广告设置点。于是在赛场外面和通往赛场的路上到处都是耐克的广告牌和品牌标识，通往赛场的火车、地铁和大巴上也都是耐克广告，这同样能引起观看比赛的观众的注意。这次偷袭营销，让四分之一的被调查者认为耐克是这场比赛的官方赞助商之一，而当时真正的官方赞助商却为此头衔付出了350万美元。

2002年世界杯期间，耐克公司只是各国球队的体育用品赞助商，并非世界杯的官方赞助商，没能占据最有力的广告位。但是耐克公司却别出心裁地在世界杯赛场之外，举办了一个五人制的足球比赛，并举办了"耐克村"，请来了很多该公司赞助的体育明星。明星们的拥护者也聚集而来，和明星们一起参加体育活动，结果70%的被调查者认为耐克公司是赛事的官方赞助商。

偷袭营销可以让企业巧妙地花小钱办大事。大多数时候，我们缺的不是钱，而是缺少发现漏洞的能力和奇妙的创意。

说马桶理论的人

1994年熊素琼初中毕业后，到重庆一家小旅馆做服务员。当年年底她在报纸上看到广东某大酒店来重庆招工，她满心应聘，谁知，第一次简单的初选，因为身高不够没有过关。3天后，她又去报名，还是被淘汰了。主考官直白地说："你的学历只有初中文凭，身高只有1.57米，条件是非常一般……所以，你基本不在我们考虑之列。"

可是家里穷，又在大山深处，走出去是唯一出路。于是她从废品店里买了一个布满灰尘的旧马桶，然后扛到招聘现场，当主考官终于陪同最后一名应聘者走出考场时，熊素琼扛着马桶走到主考官的面前，轻轻地放下马桶，说："经理，我等了你6个小时，就是希望你看看我是如何刷马桶的！"说完，她从口袋里掏出一块抹布，开始认真地擦马桶。一会儿工夫她将沾染灰尘的马桶擦得油光发亮……尽管当时招聘名额已满，但主考官破例录取了熊素琼。

就这样，熊素琼来到了东莞。所有清洁工最不愿意也最头痛的就是刷马桶，熊素琼却提出她愿意专门负责刷马桶。她认定："就算一生洗厕所，也要做一名洗厕所最出色的人！"她开始到麦当劳、肯德基厕所偷偷学艺，又向其他宾馆同行学习洗马桶的经验，还到书店看有关马桶的清洗方法，之后她准备了很多小工具，也总结出很多清洗的办法。她的勤奋也得到回报，总经理提升熊素琼为卫生间清洁班班长。

尽管她被人嘲笑为"马桶班班长"，但一上任，她就抓培训工作，甚至要求员工洗过马桶的水能喝，员工觉得这太"苛刻"。她于是按照自己制定刷马桶的标准一丝不苟地演示，将手伸进坐便器的拐弯处清洗，当她把马桶洗得光洁如新，并且当场喝马桶里的新水时，大家惊呆了，对这位年轻的班长心服口服。

3年后,酒店开展客房部经理竞选,10名候选人都是拥有本科以上文凭,当她报名时,有人说她当班长就到顶了,搞管理,欠缺知识、水平和能力。在演讲时,熊素琼没有讲大道理,也没有夸海口,只是展示了自己进酒店以来记下的174本工作日志,讲了自己3年内总共洗了7987次马桶的一些经历与体会。最后她充满激情地说:"与你们相比,我更像是酒店里的一只马桶,经常被人不屑一顾。但我能够给所有客户提供最放心、卫生、健康的服务。"演讲完毕,掌声不断。总经理总结道:"熊素琼虽然当经理有不少不足,可是她能够把马桶洗好,这是一种我们酒店最需要的务实、肯干、精细的作风。"最终她成功当选客房部经理。

熊素琼"当官"后,并没有丢掉"马桶精神",而是不断发扬光大,抓其他工作也如抓刷马桶一样,达到极致。两年后,熊素琼升任服务部经理,管理整个酒店的服务工作。

此后熊素琼到香港参加国际交流活动,面对几十名来自世界各地的高级酒店管理专家,她谈起了她的"马桶理论":"时刻要把自己放在一个较低的位置,用最高质量的服务去满足客户的需求,无论遇到多麻烦的事情,都要用洗马桶一样的耐心、细心、专心地去解决。当你能够把马桶里的水喝掉时,没有人会不服气的。"法国著名酒店管理专家希尔维教授觉得这个理论非常新鲜,又是那么的实用,于是把这条观点收入到了他编撰的《世界酒店业经营全书》中,成了行业术语。

此后,熊素琼还先后获得东莞"先进外来打工者""高级职业经理人""优秀女企业家"等称号——洗马桶妹也可以成功。

运动才能产生能量

陆超是个普通的铁路工人，当初是接父亲的班进入铁路工作的。工作几年后，因为铁路系统裁减人员，陆超不幸被裁减下去。

下岗回家后，全家人都很郁闷，家人担心陆超心理压力过大，纷纷劝说陆超别上火，在家里好好休息一段，然后再出去找工作。父母这么安慰："儿子，千万别着急，就是你三年五年不出去工作，我们也能养得起你，千万要放宽心啊。"陆超感觉很可笑，爸妈真是太小看他了。

第二天一大早，陆超就出去了，爸妈问他干什么去，他说心里烦，出去散散心。爸妈会心地对视了一眼，然后齐声说："好！好！出去散心是好事情，我们就害怕你在家里闷着，闷出心病就麻烦了。"

陆超溜达了一上午，最终在离自己家不远的一条街上找了个小门面，他决定卖早点。下岗的时候，单位给了他一些买断工龄的钱，开个小吃店绰绰有余。陆超上午交了房钱，下午就买了辆人工三轮，然后驮着新买的一些桌椅、炊具送到店里。以前单位食堂的老杜也下岗了，晚上，陆超找到了老杜，邀请老杜到自己的小吃店里当厨师做早点。老杜特别高兴："你这小子，速度快得惊人，头天下岗，第二天就准备当老板，第三天就正式开业，真是个快手啊。"

下岗的第三天，陆超的小吃店就正式开业了。老杜在单位食堂干过多年的厨师，做早点简直是小菜一碟。陆超在经营中和老杜学会了做早点的手艺，并且很快就成了熟手。

如果按照赢利的百分比来计算，卖早点虽然是本小，但是，赢利却并不薄，并且没有赊欠的，几乎没有什么风险，就是辛苦点而已。

陆超的早点店当月就赢利，去掉给老杜开工资以及其他的费用，陆超挣了将近三千元，比以前上班的时候挣的还多。

陆超的早点店一般上午十点就关门了，他报了个厨师培训班，每天上午十点多去市场买好第二天需要的蔬菜、肉等，交给老杜准备第二天的材料。下午，陆超就去厨师培训班学习。两个月后，陆超从厨师培训班学成后，就把早点店改成了小吃铺，不但卖早点，还卖一些家常炒菜。他和老杜同时下厨，完全能忙得过来。虽然工作量加大了，但是给老杜涨了几百元工资，老杜也乐意辛苦一些。

一年下来，陆超挣了七万多元，他用这七万多元做本钱，重新租了个四间门面的店铺，招聘了几个厨师和服务员。陆超任命老杜为厨师长，让他掌管后厨的一切事务，自己就忙着采购以及招呼客人。有时候，客人很多，厨师人手不够，陆超这个老板就亲自掌厨。

陆超下岗后的第四年，已经有了两家饭店，每月赢利都能达到两三万元，这个收入是他以前上班的时候根本就不敢想的。

那天陆超视察工作的时候，作为另一个分店店长的老杜佩服地说："陆超，说实在的，下岗的第二天你就决定卖小吃，你真是果断啊。几年过去了，一起下岗的兄弟们，你是干得最好的，真是佩服！"

陆超笑了笑："没有什么值得佩服的，我在铁路上干过几年，我看明白一个道理：火车头停在铁轨上，为了防滑，在它的8个驱动轮前，各塞了一块三寸见方的木头，它就无法动弹。但是，当它的时速超过100公里的时候，一堵两尺厚的墙也能穿过。这就说明，运动起来后，火车的能量是巨大的。人也是如此，光说不做，有什么能量？只有踏实地干了，只有运动起来了，才会产生比较大的能量啊……"

不说空话，不瞻前顾后，踏实去做，埋头苦干，这是所有成功者的共同点。只有"运动"，才会产生能量；只有"运动"，事业才有可能成功……

小男孩的心

胡安西六岁，光头，后脑勺拖了两根细细的小辫，乱七八糟扎着红头绳。阿勒玛罕姐姐说，这个秋天就要为他举行割礼了，到时候小辫子就会咔嚓剪掉。

再任性调皮的孩子，有了弟弟妹妹之后，都会奇异地稳重下来。胡安西也不例外，平时胡作非为，但只要弟弟沙吾列在身边，便甘愿退至男二号的位置，对其百般维护、忍让。当沙吾列骑在胡安西肚子上模仿骑马的架势，前后激烈摇动时，胡安西微笑着看向弟弟的目光简直算得上是"慈祥"了。

沙吾列还小，大部分时间都得跟在母亲阿勒玛罕身边。胡安西却大到足够能自由行动了，每天东游西串，毫不客气地投身大人们的一切劳动，并且大都能坚持到底。他也同其他孩子一样，热衷于幻想和游戏。胡安西爸爸一把榔头到了他手里，一会儿成为冲锋枪叭叭叭地扫射个不停；一会儿成为捶酸奶的木碓，咚咚咚地在子虚乌有的查巴袋(发酵酸奶的帆布袋)里搅啊捶啊；很快又成为马，夹在胯下驰骋万里。

这家哈萨克人是我的邻居，出于对哈萨克族逐水草而居的好奇，我在他们家生活了很长一段时间，体验转场。

胡安西家不住毡房，他家在吉尔阿特荒野中有现成的石头房子，每年开春牧场放牧时都会住进去一个月，已经住了好多年了。说是房子其实很勉强，那只是四堵不甚平整的石头墙担着几根细橡木的简陋窝棚。橡木上铺了一层厚厚的芨芨草，再糊上泥巴使其不漏雨，就算是屋顶。面积不到十个平方，又低又矮。屋里除了占去大半间房的石头大通铺外，再没有任何家具。

然而这样简陋寒酸的家对于小孩子胡安西来说，已经足够阔绰了。

步步洞天、处处机关、遍地宝藏，且山水重重。爸爸每天都出去放羊，妈妈总是带着小弟弟干活、串门子。胡安西便常常一个人在家玩，挎着他的"冲锋枪"四处巡逻，一会儿钻进小羊圈里，从石头墙冒出一点点脑袋和一支枪头，警惕地观察外面的情况；一会儿大叫着冲过山谷实施突袭，给假想中的目标一个措手不及。

他爬上羊圈的石墙，从高处走了一大圈，再从斜搭在石墙上的木头上小心翼翼蹭下来，然后匍匐前进，爬上石头堆，再爬下石头堆，经历千山万水来到家门口。嘴里念念有词，趴在地上，耳朵贴着大地聆听一会儿，然后飞身扑向木头门，一脚踹开，持枪叭叭叭一顿扫射，屋里匪徒全都毙命。

在激烈的剿匪过程中，若是突然发现木板门上有根钉子松动突出了，他会立刻暂停剧情，把"枪"倒个个儿，砰！砰！砰！完美地砸平它。

总之从来都没见他有闲得无聊的时候。问题是，他又从哪儿学到的这一整套奇袭行为呢？吉尔阿特又没电视可看。

胡安西最大的梦想是骑马，但几乎没有机会。于是只好骑羊。家里的羊全都认得他了，一看到他就四散哄逃。

胡安西有着取之不尽用之不竭的零食，就是冰块，整天含在嘴里啜得吱啦有声。哪怕正是寒流，温度到了零下。我一看他吃冰块的样子，就捂紧羽绒衣，泛起一身鸡皮疙瘩。

胡安西也会有哭的时候。他非要逮一只小羊羔，扑扑腾腾追来追去，半天都没逮着，反而被羊羔的蹄子狠狠蹭了一下，剐破一大块皮，血珠子都渗了出来。这下当然会很疼了，他哇哇大哭。但是大人过去一看，觉得没什么大不了的，就踢他一脚，走开了。他哭一会儿，自己再看看，血不流了，又继续跑去抓羊，百折不挠。

依我看，伤得蛮重的，后来凝结了厚厚的伤疤，直到我们搬家的那一天，疤还没掉。

胡安西最愉快的伙伴是扎克拜阿帕(阿帕：奶奶，女性长辈)。阿帕无比神奇，又远比父母更温和耐心，绝对能满足孩子们的一切要求。

胡安西第二个好朋友是卡西帕。成为年轻女性的跟班似乎是所有小男孩的荣耀。卡西帕走到哪儿,他就跟到哪儿,见缝插针地打下手。

卡西帕说:"袋子!"他刷地就从腰间抽出来双手递上。

卡西帕说:"茶!"他立刻跳下花毡冲出门外,把吱啦啦烧开、满满当当的茶壶从三脚架上拎下来。对于一个小孩子来说,这是多么危险的一件事啊,几公斤重的大家伙,稍微没拿稳就会浇一身的沸水。但卡西帕这么信任他,他一定感到极有面子。为了不办砸这件事,他相当慎重仔细:先把火堆扒开、熄灭,再四处寻块抹布垫着壶柄小心平稳地取下来,然后双手紧紧提着,叉开小短腿,半步半步地挪进毡房。至于接下来把沸水灌到暖瓶里,这可是个大事,他很有自知之明,并不插手。

如此小心谨慎,毫不鲁莽,我估计之前肯定被开水烫过,深知那家伙的厉害。

胡安西虽然不是娇惯的孩子,但总有蛮不讲理的孩子气的时候。那时大家也都愿意让着他,反正容让一个小孩子是很容易的事嘛。但一到劳动的时候,就再没人对他客气了。他也毫无怨言地挨骂挨打,虚心接受批评。

大家一起干活时,劳动量分配如下:斯马胡力—卡西帕—扎克拜妈妈—李娟—胡安西。

让一个六岁小孩子的排名仅次于自己,实在很屈辱,但毫无办法,这个排行榜的确是严肃的。比方说,背冰的时候,卡西帕背三十公斤,我背十几公斤,胡安西背七八公斤,毫不含糊。

胡安西在参与劳动的时候,也许体力上远远不及成人,但作为劳动者的素质,是相当出色的。力所能及的事努力做好,决不半途而废。至于心有余而力不足的事,就赶紧退让开来,不打搅别人去做,并且很有眼色地四处瞅着空子打下手。

童年是漫无边际的,劳动是光荣的,长大成人是迫切的。胡安西的世界只有这么大的时候,他的心也安安静静地只有这么大。他静止在马不停蹄地成长之中,反复地揉炼着这颗心。但是这个秋天,胡安西就要停止这种古老的成长了,割礼完毕后他就开始上学了。他将在学校里学习远离现实生活的其他知识,在人生中第一次把视线移向别处。那时的胡安西又会有怎样的一颗心呢?

不能只做宠物

雷米和崔静同一批进入一家公司工作。雷米在策划部,崔静在财务部。经过几年的勤奋工作,这两个职场大头兵终于熬成了各自部门的经理。

当了部门经理后,崔静一下子就感觉到了当领导的"好处":不但工资高,并且还可以随意指挥下属去完成本该属于自己的工作。每天,崔静在网上看新闻或者聊天,日子过得很是滋润。

雷米好像就是天生的劳碌命,都熬上部门经理了,还让自己每天苦巴巴地工作,每天看着雷米愁眉苦脸地在苦思冥想她的最新的营销策划,崔静就想乐!这样的活交给下属不就行了?为什么自己还苦巴巴地干活?真是个劳碌命。

策划部直接负责着公司的一些对外活动,例如新产品上市的媒体发布会;参加一些公益活动提供礼物赠送等等。从策划的开始一直到活动的结束,雷米都直接参与其中,每天把自己累得东倒西歪的,老总每次见了雷米,都很关切地说:"雷米啊,你要注意休息啊!这么卖命工作可不行的,我和你说个事啊,近期你看看能不能策划个活动,花最小的成本但是却能把咱们最新一款产品的名气打出去!"雷米听了就乐,意思是老总真够有意思的,这边劝我休息,紧接着就给我布置新任务。老总也醒悟过来了,不好意思地笑:"没有办法啊,能者多劳啊,您还是辛苦辛苦,忙完这阵子,我给你放假。"

雷米不指望老总能给她放假,只要老总知道她雷米每天辛苦工作就行了。

又过了两年,公司人事大调整。雷米被老总提拔为副总,但是,让大家意想不到的是,崔静竟然被撤职了,换成了一个工作非常勤奋的财务部下属。崔静成了以前下属的下属，这种落差让她非常受不了。更让她受不了的是那个傻乎乎的雷米不但没有被撤职，并且还升职了，这到哪说理去？

崔静再见到雷米的时候，就故意扬着脸走，以此来表达自己内心的不满！雷米报以苦笑！

终于有天，雷米找机会和崔静谈话，雷米讲述了一个故事。"我小的时候，家里养了一只黄猫和一只花猫。我妈怕把猫饿了，每天都去市场买猫鱼。时间长了，这两只猫有了严重的分化，黄猫只喜欢吃猫鱼，其他的不吃，吃饱了就睡或者在院子里玩耍，从来不逮老鼠；花猫吃猫鱼的同时，也逮老鼠，吃饱后，经常喜欢在角落里隐蔽逮老鼠。过了一年后，我们全家人都讨厌这条有鱼吃就不逮老鼠的黄猫，就把它驱逐出家门；那条有鱼吃又逮老鼠的花猫，我们全家人一直很善待，直到她自然老死……当然了，如今很多人家养猫不是为了逮老鼠，是单纯地当宠物养。我说这些，就是想告诉你，职场上没有宠物猫，给鱼（高薪和职务）吃的时候，也一定不要忘记逮老鼠（干好自己应干的工作），你当部门经理的时候，一边享受着鱼（高薪和职务），一边逃避自己的工作，把自己应该干的工作分给你的下属去做。对于你这样光吃鱼不逮老鼠的行为，老总当然会很恼火。因此，把你的鱼（高薪和职务）取消了也是正常的……"

听完雷米的这番话，崔静的心一下子敞亮了，心中积蓄的对公司的怨恨一下子消散了，她很后悔自己当初没有认真工作……

职场中，要时刻记住"有鱼吃了还要逮老鼠"，只有这样，才不会被取消"鱼"，才能在职场上获得长久的稳步的发展！

保洁员阿姐

阿姐学名彭宝琴。如此文艺的名儿，用她自己的话说，那是白瞎了俩好字。

中不溜的个头，小眼睛，凹塌脸，从额头到下巴，均匀地散布了点点星星的小雀斑。多亏阿姐够黑，否则，用她自己的话说，远看就成了一个沾了芝麻粒儿的白面饼了。

阿姐总喜欢用插科打诨的方式自嘲，久了我才发现，那其实掩盖着一个草根女人的聪明和智慧。

阿姐是小区的保洁员。刚搬到这个小区时，我对这些邋邋遢遢的保洁员没有好印象。名义上是打扫卫生，实际上对本职工作却浮皮潦草，主要精力都放在如何寻找意外之财上。

她们眼中的意外之财，不过是一些瓶子罐子或者包装箱等可回收废品，几毛钱一斤的东西，争抢起来却一副奋不顾身的劲头。原来负责我们楼道卫生的，是另外一个中年大嫂。按规定，每个礼拜最少清扫两次楼道，她却一个月一个月的没有任何动作。有次，我买回一台冰箱，包装箱暂时放到楼梯口，上楼去拿车库钥匙的功夫被她瞧见了，急慌慌奔了过来。等我拿了钥匙再回来，一眼看到她慌慌张张地拖着包装箱正跑呢。

不仅抢东西，那个大嫂还爱搬弄是非，整个楼道的张家长李家短，她没有不知道的。一来二去，引起了楼道居民的公愤，集体去物业处投诉，大嫂被炒掉，阿姐彭宝琴成了我们楼道的新保洁员。

因为那位大嫂的"极品"，对于阿姐，大家开始都警惕又防备，但她好像丝毫不察觉，天天拿着拖把或者扫帚，见了谁都高声大嗓地打招呼。最早和她搭话的，是一楼的大妈，她退休在家闲来无事，和阿姐拉几句家常之后，逢人就说新来的保洁员不错。大伙儿将信将疑，后来见楼道里成天光洁如新，对阿姐的观感就好了不少。

阿姐也热衷捡废品，但她不争不抢，偶尔有人把酒瓶或者包装箱放到门口，她就问人家，能不能将那个垃圾卖给她。

已经扔掉的垃圾还能换来钱，虽然不过一两块的小钱儿，但阿姐的这种姿态很让人受用。之前，家里有了大宗的废品，会有一个开三轮的老头儿过来收。那老头儿极抠门，挂在口头上一句话是，如果不是我来收，你们不也白白扔掉么。言外之意，他占的便宜倒是赏我们的好处。

如今阿姐愿意收废品，大伙儿觉得方便多了。谁家要处理废品，只需喊一声，她就上门去捆扎收拾，付了钱还主动帮着主人打扫干净。

服务如此周到，就是少卖几文钱，大家都乐意，更何况，阿姐给的价格很实惠。废品收多了之后，阿姐主动打印了一张日常生活废品价格表贴到楼道里，收购站的价格和她给的价格并列在那里，用阿姐的话说，我要给大伙儿一个明白账，让你们知道我到底赚了几个辛苦钱。

阿姐变得忙起来了，楼道的卫生还是保持得很好。大家有时候看她辛苦，就劝：不用每天打扫了，很干净的。阿姐笑嘻嘻撩一下厚厚的刘海儿：马虎不得。

阿姐要辞工了，大家都有点舍不得，但听闻她的新目标，又替她高兴。原来，收废品的生意太多，她要专职干这一行。

春节后，阿姐在小区里租了一个车库，电动自行车换成电动三轮车，各家各户都散发了她的小名片，电话上面有朴素的几个大字：宝琴废品回收。大家都笑：宝琴要混成彭老板了。

阿姐羞得一张黑黝黝的脸飞起红云来，不好意思地摆摆手。虽然不再负责保洁，可只要有阿姐收过废品，那栋楼的楼道都要干净两天。每次驮了废品下来，她都会细心地将楼道用拖布拖一下。

半年之后，她不但包揽了我们这个小区的所有废品，其他几个相邻小区的住客，家里有了废品也会慕名打她的电话。那天，我在街上走着，身后忽然响起一声嘹亮的招呼。一回头，看见阿姐和她的男人坐在一辆崭新昌河铃木中，正热情满满地向我招手呢。

卖梦者

迈克是德国一家保时捷分店的销售经理，他头脑灵活，善于出奇制胜，用一些新颖的方式招徕顾客，在业界素有"鬼才"的称谓。可是最近半年来，由于周围新开了几家名车销售店，竞争激烈，接连几个月迈克所在店的销售额都在不断下滑，这让迈克很伤脑筋，他冥思苦想，决心用一种新的方式扭转这一被动局面。

一天早晨，他拨通了几个有购车意向的客户的电话，预约了前去拜访的时间。随后，他叫上一个助手和一名摄影师，带上了电脑和打印机等设备，开着新车向第一个目标客户家驶去。

当车开到叫乔恩的客户家门口时，迈克一行下了车。迈克并没有急着去敲乔恩家的门，而是在乔恩家门前屋后转了一圈，然后示意助手将新车开到一个适于做乔恩家的停车位的地方。随后，迈克吩咐那个摄影师给房子和车子拍照，并告诫他：照片看上去一定要有新车与房屋完美融合在一起的效果。

按照迈克的要求，摄影师忙活起来，他从各个角度对车和房子进行取景。不一会儿，摄影师拍好了一张照片，摄影师将照片传到电脑上，通过连接在电脑上的打印机打印出了照片：只见在一栋有白色窗户的赭色房屋前，静静泊着一辆崭新的黑色保时捷，房屋前的几棵树落下的黄叶铺满了地面，一片树叶刚好落在新车前面的挡风玻璃前，整个画面看上去是那么肃静、完美、协调，不禁让人联想到照片里这一家人的安适和富足。迈克拿起照片欣赏了一番，对摄影师跷起了大拇指。这时，房屋主人乔恩出来了，迈克上前跟乔恩简短地寒暄了几句，送上那张照片，然后跟乔恩道了别，一行人开着车，向另一个客户家驶去。

一天下来,迈克带着助手开着新车去拜访客户,就做这种拍照片、送照片的事情。他的这一举动让助手和所有的员工们都感到很奇怪,不知他葫芦里卖的什么药。迈克也没解释什么,依然我行我素,做着这件令人奇怪的事情。

两个多月过去了,迈克的店没有对新车进行过一次撒网式宣传,也没有跟竞争对手进行过价格宣传战,只是为154户有购车意向的人家拍摄了照片。奇怪的是迈克此举却换来了极高的转换率。迈克统计了一下,154户人家中,前前后后有超过30%的住户预约赏车,而最终的成交率也极高。那些决心购买迈克的车的人几乎都说过类似的话:"车很漂亮,也许是最适合我们家的一款车……"

看着销售额一天天好起来,员工们都很惊讶,问迈克为什么仅仅送给客户们一张带有新车的照片后,成交率就变得这么高了呢?面对着员工们又兴奋又好奇的询问,迈克说出了其中的奥秘。原来,这是迈克想出的一种聪明的促销手段,他根据有购车意向人的心理,用一张张车与房屋完美融合的照片,激起他们对拥有照片里那辆车的美好渴望和拥有后的联想。因为看着照片里新车与房屋完美搭配显示出的那种和谐、完美、丰足的意境,谁不会为之心动并说服自己买下那辆车呢?迈克意味深长地说:"我推销的是车,更是在推销购车人心中那个对美好生活的追求和梦想啊。"这下,店员们才恍然大悟,对迈克佩服得五体投地。

人人心中都有美好的梦想,都渴望梦想成真,所以对商家来说,也许最好的推销方式,就是把你的梦想卖给你。

缺陷一样如金子般闪光

请你控制自己的情绪,否则你将面临解雇!

让人难以置信的是,她能取得今天这样的辉煌成就,靠的竟然是当初倍受指责甚至让她遭受解雇的"缺陷"!

成功就是再试一次

有一个有趣的实验：鲅鱼是鲦鱼的天敌，生物学家把鲅鱼和鲦鱼放进同一个玻璃器皿，然后用玻璃板把它们隔开。开始时，鲅鱼兴奋地朝鲦鱼进攻，渴望能吃到自己最喜欢的美味，可每一次它都"咣"地碰在玻璃板上，不仅没有捕到鲦鱼，而且把自己碰得晕头转向。碰了几十次壁后，鲅鱼沮丧了。当生物学家悄悄地将玻璃板抽去之后，鲅鱼对近在眼前、唾手可得的鲦鱼却视若无睹。即便那条肥美的鲦鱼一次次地擦着它的唇鳃不慌不忙地游过，即便鲦鱼的尾巴一次次扫过它饥饿而敏捷的身体，碰了壁之后的鲅鱼却再也没有了进攻的欲望和信心。几天后，鲦鱼因有生物学家供给的饲料依然自由自在地畅游着，而鲅鱼却已经翻起雪白的肚皮漂浮在水面上了。

鲅鱼只因为数次的碰壁，便放弃了努力，即使过后美食张嘴可得，它却放弃尝试，最终饥饿而死。鲅鱼固然可悲可笑，然而，生活中的我们是否也当过那一条"鲅鱼"呢？一点点风浪就使我们弃船上岸，一次小小的碰壁就使我们裹足不前，一次小小的打击就使我们放弃了一切的梦想和努力……许多时候，我们失败的真正原因在于：面对近在眼前的已被抽掉"玻璃板"的"鲦鱼"，我们没有去"再试一次"。

这让我不由得想起了另一个故事。有一个人被困于山崖上，背包里只剩下一点点的食物和一条带钩的绳子。那个人心想："现在必须用绳子钩在石缝中，然后再爬上去，这样才能脱困。"于是他把绳子往上丢，但是没有被钩住，他又试了一次，但还是失败。他又继续试了许多次，但仍然没有钩住石头。天色已渐渐地暗下来，他想："再试一次，或许能成功。"可还是没有成功。这时，他已经累得筋疲力尽，肚子也饿得"咕咕"叫。他拿起所剩不多的食物，狼吞虎咽一扫而光。吃完后，疲惫的他沉沉地睡去。第二天醒来，他鼓起勇气继续扔，可如昨天的情况一样都失败了。他瘫坐在地上，心情沮丧，甚至想过就此放弃，但内心挣扎着一种声音："再试一试，再试一次。"就是这一句话，让他站起来不停地试。果然，"皇天不负有心人"，绳子这一次钩住了石头，他用力拉了拉，确保够紧后，顺着绳子爬了上去。终于，他逃脱了死亡的命运。

　　生活中常常会有这样一些规律：登山的难度不在于脚下开头的几千米，而在于即将登顶的几十米甚至几米；走出死亡沙漠的不一定是跑得最快的人，而是坚信自己能够活着走出去，并朝着一个方向坚定不移地走下去的那个人。所以，人生的道路不可能一帆风顺，挫折与困难在所难免，但关键是当你多次努力后没有成功时，还能否继续坚持，再试一次？其实，再试一次，成功就会和你握手，享受生活的美丽。

凭智慧战胜对手

1984年,在东京国际马拉松邀请赛上,名不见经传的日本选手山田本一出人意料地夺得了世界冠军。

当记者问他凭借什么取得了如此惊人的成绩时,他只说了一句话:"凭智慧战胜对手。"

当时,许多人都认为,这个偶然夺冠的矮个子是在故弄玄虚。谁都知道,马拉松赛比的是体力和耐力,只要身体素质好,便有望夺冠。山田本一却说自己是凭借智慧,的确有点匪夷所思。

然而,谁也没有想到,两年后,在意大利米兰举行的国际马拉松邀请赛上,山田本一又一次"震惊"世界,获得了冠军。如果说第一次夺冠有点运气的成分,那么,这一次,山田则完全是靠实力。很快,一大批记者又请他谈经验。

山田本一性情木讷,不善言谈。令人大跌眼镜的是,他给出的答案竟然同上次一样:凭智慧战胜对手。

这一次,记者没有再挖苦他,但却对他所谓的智慧迷惑不解。

10年后,这个谜底终于被解开了。

山田本一在他的自传中这样写道:每次比赛前,我都要乘车把比赛线路仔细地看一遍,并把沿途比较醒目的标志画下来,比如第一个标志是银行;第二个标志是一棵大树;第三个标志是一座红房子……这样一直画到赛程的终点。

比赛开始后,我就以百米冲刺的速度奋力地向第一个目标冲去,等到达了第一个目标,我又以同样的速度向第二个目标冲去。40多公里的赛程,就被我分解成这么几个小目标轻松地跑完了。

说实话，起初，我并不懂这样的道理，我把目标定在40多公里外终点线上的那面旗帜上，结果跑到十几公里时，就疲惫不堪了，我被前面那段遥远的路程吓倒了。虽然我的做法看起来有些可笑，但它的确让我在比赛中受益匪浅。许多时候，我们不是因失败而放弃，而是因倦怠而失败。

缺陷一样如金子般闪光

一位出生在美国密西西比州的年轻姑娘，从小就梦想着能够进入电视台做一名节目主持人。长大后，她进入了田纳西州立大学，主修演讲与表演艺术。

毕业后，她凭着出众的演讲和表演才华，赢得了一家电视台的青睐，被聘为该台的新闻记者和播音员。上班的第一天，她来到演播室——当天的新闻里有一条是关于家庭暴力的事件，还有一条是一对相爱的人在经历了42年的风雨后终于结为夫妻的喜讯。

尽管在开播前她先读了两遍稿子，但在正式播报新闻时，她的情绪还是受到了新闻事件的影响：在播报那则关于家庭暴力的新闻时，她激动得扔掉了稿子，愤怒地指责起那位施暴的男人来；而当她播报到那条让人欢欣的新闻时，她又再次扔掉了稿子，兴奋得手舞足蹈、大喊大叫起来！

节目组的成员都被她的表现给吓坏了，她这简直就是没有新闻中性立场的表现嘛！那次节目播出后，所有人都指责她太缺乏专业素养了，电视台的主管甚至警告她："请你控制自己的情绪，否则你将面临解雇！"

但是一个月过去了，她仍未学会如何控制自己的情绪——因为她天生就情感丰富而且真实，总是在播报新闻时情不自禁地表露出个人的情绪，这甚至引发了不少观众打来投诉电话！她最终被解雇了，因为电视台认为她的率性是让她无法胜任这项工作的"致命缺陷"！

离开电视台时，同事们都善意地提醒她："想走这条路，就一定要改正自己的缺陷！"她心里却想：在节目中流露真情难道不对吗？看着业内千篇一律的正襟危坐的主持风格，她深信，她的真实与率性终会成为所有观众的需要！

被解雇不久,她听说有一家电视台正要筹办一个早间新节目,她便勇敢地敲开了那家电视台主管办公室的门,她说:"我希望您能成立一个谈话节目并且由我来主持,我一定能把节目做好!"

这家电视台的主管考虑了一番后,同意成立一个早间谈话节目,并且让她来主持试试。在她的心中,这个节目的性质早就定位好了,不用念稿子,不用摆出一副严肃的表情和正儿八经的样子,她只需要和节目嘉宾一起坐下来好好聊聊天就行了!

节目中,开心的时候,她会与嘉宾一起跳跃欢呼;伤心的时候,她会与嘉宾一起抱头痛哭……她超凡的临场口才和真实的情感投入,使得整个节目过程高潮迭起,她的节目和她本人在瞬间就被观众们记住了,而收视率更是前所未有的高。

在经过6年的摸爬滚打后,她来到了芝加哥,为一家电视台主持访谈节目《芝加哥早晨》,很快便把节目打造成了全美国最受欢迎的访谈节目。一个月后,电视台将她的节目直接以她的名字命名,节目的品牌概念进一步深入人心。从那以后,她在节目中以真情打动了每一位嘉宾——她打动了克林顿,使他签署了一项保护儿童免受虐待的联邦法律;她使汤姆·克鲁斯为向女友示爱竟跳上沙发大喊大叫;她使迈克尔·杰克逊谈起了自己幼年遭父亲虐待的经历以及澄清皮肤漂白的传闻……

她的节目在之后的20年里一直没有更换名称和特点,收视率更是几十年如一日,每周在美国有2100万观众收看,并且在海外145个国家播出,收视率远远超过美国三家知名电视台的总和,成为电视史上收视率最高的脱口秀节目!而这也为她带来了滚滚财富,使她成为拥有15亿美元的"全球最具影响力的女性"之一,她甚至对奥巴马问鼎白宫起到了不可忽视的作用!

她,就是被誉为"美国人的心灵女王和精神榜样"的著名脱口秀主持人兼哈普娱乐集团总裁——奥普拉·温弗瑞!而让人难以置信的是,她能取得今天这样的辉煌成就,靠的竟然是当初倍受指责甚至让她遭受解雇的"缺陷"!

招　　聘

我坐在招聘柜台后面，看一个个的年轻人从面前走过。

新闻里年年说工作难找。今天是周末，但求职者并不多。各个摊位前稀稀拉拉地围着几个人，仿佛菜市场上的买菜者，随手扒拉扒拉，不怎么仔细地挑选着。他们这里投一份简历，那里扔一份简历，颇有广种薄收的架势。一个上午的时间，我手里已经拿到差不多三十多份简历。等我选择完再交给上司选择，最后能留下的不会超过三份。十分之一的选择率，看上去很低，但求职者广泛撒网，东方不亮西方亮。这样来看，找工作其实也不太难。

临近中午的时候，一个小伙子走过来问，你们这里只招收本科文凭的吗？我答：嗯，本科是基本门槛。他问：我只有专科文凭，可以试试吗？见我犹豫了一下，他马上坐下来，递上自己的简历。

我翻了翻，又问了他的基本情况。他个头不高，很敦实。曾在某公司做过半年文员，现已辞职几个月，居住在一个同学家里。我说：我把你的简历拿回去，商量商量吧。

他说咱们还是再聊聊。我的简历没有任何优势，我只有当面跟你谈。

我问：谈什么呢？要不，谈谈你对这个岗位的认识？

他语无伦次地讲了一通，显然，他对这个职位毫无准备，也毫无理解。毕竟他此前的经历跟这个职位没任何交集。

我当年也有过面试时语无伦次的经历，所以对他产生了一丝丝同情。我说：那你再想想还要谈些什么？他摇摇头。

我说：不用着急，你回去看看我们的网站，对我们做点了解。

他说：咱们再聊一会儿行吗？我说可以，但是你后面已经有两个人在等。

他只好站起来，躲在一边。等我和那两个人谈完，他又走过来坐下。

咱们再谈谈吧。他说。

我问：你想谈什么呢？

他呆呆地看着我，不知说什么。我感觉其实他只要我现在就录取他。

我说：我很欣赏你的坚持。而且，我们公司确实破格录取过一个员工。那个员工先后8次把简历投递到公司人事部，每次都提交一份工作方案。虽然他的方案很幼稚，但可以看出，他对我们公司做了很具体的了解。你的学历的确不高，可公司的大门不会真的因此向你关闭。我只对你提一个要求，回去搜一下我们公司的资料，据此随便写点东西，然后再次把简历投递过来。这就像谈恋爱一样，你想追求谁，可以不了解对方的性格但起码要知道对方的名字，是吧？

他失望地站起来，走了。

我内心里很想让这个小伙子跟公司之间发生故事。接下来的几个月，我数次问人事主管，是否有个叫某某的投递简历过来。答案都是没有。唉，这个浮躁的时代，是我自作多情了。

我的爱情的思考

我年轻时对爱情非常疯狂。但是现在，我要说，很多爱情里其实是没有"爱"的。我发现爱情只是一种能量的渴望和转换，爱情是两种气场的交融，它会在大脑活动最少的时候出现，但大脑活动多了，这种能量就会消失不见。说得简单一些，就是只要一方提出"条件"，纯然的爱就会马上变成赤裸裸的权力和能量斗争！

浪漫的爱情一定是发生在一无所求的情况下，你越无求，就越浪漫。因为你没有一个预设心态，这时两个人的能量场会比较容易连接，但等你们彼此熟悉，开始有论断、成见、批评、期待、失望之后，爱情的能量场就不连接了。爱情真是个脆弱的东西！

有部电影讲一个男人对一个女人一见钟情，但这个女人是患了失忆症的，只要一睡觉就会忘了前一天发生过的事，结果，这对男女等于谈了一辈子恋爱，每一天，这个男人都是她的"初恋情人"。两个人如果每天都可以像第一次邂逅那么新鲜激情，那当然是最浪漫的。

女人最大的魅力是顺从内心，全然跟自己同在，可又不是任性。当你沉浸在这样一种纯然状态中，男人会更愿意留在你身边。因为你是怡然安静的，处在一种平衡愉悦的状态中，他正是在寻找这样的一种感觉。我想到自己最浪漫的一段恋爱。两个人坐在一个咖啡厅，对望一个下午，五六个小时不讲话。那个能量的撞击，电光石火，真是吓人。东方女性也许是受传统文化的影响，很羞怯，不习惯看对方的眼睛，但那样会失去浪漫的能量。

可是女人对爱的渴求比男人大太多了。从心理学上讲，这是因为女人在情感上自给自足的能力比男人差，更加渴望和男人结合以巩固和壮大自己。你把自己完全交出去，和对方在心灵上完全融为一体，这是浪漫的，但是，最终极的浪漫其实是觉悟，是停止在另一个人身上找爱，找弥补，是在自己的精神世界里悠游，并且自给自足。

我在年轻的时候一直追寻最具权势的男人，我希望在他的荫庇下得到保护。可是走到后来发现，寄望于另一个人有多不现实，于是我对自己越来越不满意，不安全感越来越强烈。然后，我转向内在，去画画，画大自然，最后，我内心的恐惧和欲望终于释放出来了。慢慢的我发现自己完完全全不再有依赖男人的需要。我的两性观就此发生巨大改变。从此，伴侣变成"辅佐"我的人，"配合"我的人。我站到了阳性的位置，而"他"却站到了阴性的角度。

一个女人幼年怎么和父母相处，她在最初的感情里就会那样和男人相处。如果经验不是很好，那么怀疑、取悦、委曲求全、担惊受怕都可能出现。但是在不断重复这些痛苦的时候，你总有一天会怀疑：另一个人的价值有这么高吗？让你产生那么多自我怀疑和否定，这一切值得吗？从感觉不堪开始，你会懂得疼惜自己，意识到自己多么不知道善待自己，不知道自己多么有价值！传统观念中，女人就该依附男人，就该比男人弱，但每个人尤其是女人，都有很强的潜在能力，所以你不要只考虑"我做什么工作可以谋生"，而要更多思考"我的创造力在哪里""我的价值在哪里"。

我女儿13岁，但她已经想好未来要走心理学的路。从小，我就特别培养她和社会互动的能力，建构她的自我价值感，等她达到一定年龄，她就会自己去探索属于她自己的人生方向。你把眼睛朝内看，你的自我价值感就会越来越高，两性关系、社会和世界在你眼中的意义就会变得越来越不一样，当你的"大我"发展起来，你发现了自己更美、更强大的灵魂能量，你爱上了真正的自己，也扩大到爱上其他人真正美好的灵魂本质，那样的转变就是最大的"浪漫"！

为什么是这个

回家之前,我去买了一些水果。

我买了一根香蕉,两个橘子,和一个泰国椰子。中秋节刚过,家里水果没吃完的还很多,随便买一点即可。今天选的三样各有理由,香蕉是因为今年盛产,大家帮忙吃一点比较好,所以买它几乎是出于道德的因素。至于橘子是因为它初上市,皮还青青的,闻起来香味却极辛烈,令人想起近千年前的老苏写给朋友的诗:"一年好景君须记,最是橙黄橘绿时。"只需花少许钱,就能买到季节的容颜和气味,以及秋来的诗兴,何乐而不为——所以,买橘子,是基于美学理由。

而买椰子却有个非常简单明了的诉求,我口渴了,此刻已是晚上10点半,我在外工作了一整天,非常辛苦,自己带的水也喝完了,买可乐或矿泉水会留一个塑料瓶来伤害大地,不如买椰子,椰汁甘美如酒,而且椰子壳对大地是无害的。

但我在排队付钱的时候,收账的老板娘却用非常奇怪的眼神望了我一眼,说:"喂,阿姨,你为什么要拿这一个?"她指的是那个椰子。

咦?这一个不能拿吗?难道顾客有义务告诉店家自己为什么要选某一个水果吗?这年头连父母都不见得敢问子女为什么要选某人为配偶了,我却竟要回答这么一个奇怪的问题。"没什么,我随便拿的。"我说的是实话。

付完钱,我请她帮我在椰子上凿一个洞。她凿好,替我插上麦管,然后,她转过身来,又追问了一句:"那么多个椰子,你为什么偏偏拿这一个?"

奇怪,原来她还没有放弃要问我真相,这一次,轮到我好奇了:"这一个,有什么不该拿吗?"我问。"大小都是30元一个,这一个,特别小呀!"她叹气,仿佛我是白痴。

"所以,刚才那根香蕉我没跟你拿钱……但是,怪呀,你为什么要选这一个呢?"

她的年纪看起来不算小,从事这一行想必也有些岁月了,阅人大概也不在少数,看到我这种顾客不选大反选小,简直颠覆了她用专业知识归纳出来的金科玉律,所以想穷追猛打问个明白。

但我并不想挑个大大的椰子,我此刻并没有太渴,就算渴,我也快到家了,我只想有点什么润润喉而已,有什么必要花时间去精挑细选找个椰汁饱足的大椰子呢?这跟道德的修养没什么关系,我只觉这样做比较合理而已。如果我此刻行过沙漠正午,喉干舌燥之际,看见椰子摊上有大小不一而价钱一样的椰子,我大概也会拣个大的拿吧?

可是回顾前尘,我的大半辈子好像都没碰上什么非争不可或非挑不可的事,我习惯不争,可也没吃过什么大亏。像此刻,老板娘不就免了我的香蕉钱吗?也许她可怜我的弱智吧?其实她没算我香蕉钱我也是经她说明才知道的。我习惯不看秤,不复核,店家说多少我就给多少。我不是个全然不计较的人,但生命、义理、文章都够复杂了,实在顾不上水果的价钱啊。我当场把椰汁喝完了,那分量不多不少,刚刚够润我当下的枯喉。

写得一手好文章

我们从高楼大厦的落地窗往外面看，能看见很多建筑。好的建筑能让人记住它，很多年也忘不了是谁盖的。比如说，长城是谁创意建造的？秦始皇。我们在这个世界上活一次，不可能每个人都能留下像长城、鸟巢一样的建筑，有没有别的方法也让我们名垂千古？答案是完全可以。如果我们的文章写得好，就等于用文字盖了一栋房子，甚至是像长城那样伟大的建筑。

一千多年前有一个人叫白居易。16岁时他带着自己写的一本诗集去长安，那个时候他一点儿名都没有。他就去找当时特别有名的一个诗人，叫顾况。顾况是名人，而且是很大的官。

白居易好不容易找到顾况家的地址，就去敲门。顾况家的男佣说，你叫什么名字？白居易说，我叫白居易。男佣说，无名小卒，不见。

一番周折后，白居易见到了顾况。白居易对顾况说，我喜欢写诗，请你看看我的诗写得怎么样。顾况一看诗集封面上的字，就笑了，说，你叫白居易？你想在长安白住房子？白居易的名字按字面理解就是白住很容易。顾况一边笑一边把白居易的诗翻开："离离原上草，一岁一枯荣。野火烧不尽，春风吹又生。"

顾况看了这四句诗后，当时就拍桌子，说你写得太厉害了，我告诉你，白居易，像你这样水平的人，别说长安的房子，将来普天下的房子都要请你去白住甚至求你白住。后来白居易果然名扬天下。

我不喜欢钱生钱，钱生钱靠不住。咱们要才生财——用才智生出财富。我们投了人胎，做了人，我们要想比别人进步得快，我们就要研究人类自身。人类历史这么多年了，有一个很奇怪的现象，开始发展得特别慢，我们的祖先从树上下来用了几十万年时间，从爬行到直立行走又用了几十万年时间。可是奇怪的事情发生了，最近五千年，人类突然日新月异突飞猛进发展。为什么？因为发明了文字。作为人类，有了文字以后进步特别快。作为人类的一员，如果善于使用文字，也会比别人进步快。

成功的人有四个基本素质，他拥有超级观察能力，别人看不见的东西他能看见。再有就是超级分析能力、超级判断能力和超级表达能力。而这四个能力用什么方法能训练得特别好呢？就是写文章，哪怕写一篇只有50个字的文章，你也离不开这四个步骤：观察、分析、判断和表达。

前几天，我看了一本叫《黄帝内经》的书。《黄帝内经》是一本古代的医学书，它说身上很重要的地方是咽喉，有一个词叫"咽喉要道"，意思是说咽喉这个地方非常重要，里面有很多脉络。《黄帝内经》说如果一个人嗓子坏了，可能很快脑子也就坏了。我觉得有道理。没有说心脏要道的吧？有说大脑要道的吗？有说眼球要道的吗？有说耳朵要道的吗？都没有。只有咽喉要道。写文章的时候，我们的咽喉要道就是作品的语言。

2003年11月6日北京下了一场大雪。北京有1347棵树被压垮了。1347棵树当时占北京总树的4%，另外96%的树没有被压垮。为什么这4%的树被雪压垮了？它们长得太茂盛了！用在这场雪上就是树大招雪。树枝太多，伸得太长，用在写文章上就是繁文缛节。我们去书店，看到有那么多书，其实是作家在书店栽了好多树，让读者来挑选树。如果你的树太啰唆，读者就不买你的树，就会去买别人的树。

我们照相有的时候照出来模糊，虚了。虚了的照片，一是你的手抖了；二是被拍摄的人动了。写文章的时候手抖，不会造成文章不清晰，但是脑子抖就会导致文章模糊，模糊就会让读者看不明白。一个作家用母语写作，写得连他的同胞都看不懂，说明他的脑子抖了……

在未来的人生道路上，人类生存竞争会越来越激烈。因此，钱生钱不如才生财。我们不可能都当作家，而是会从事不同的职业。有没有一种通用技能，像魔法那样，我们现在掌握了它，不管从事什么职业，在和别人竞争时都能胜出？有。这种通用技能的名字就是：写得一手好文章。

调节好自己的情绪

国外有位学者做过一个情绪与生命关系的模拟实验。他把同胎所生的两只羊羔放在两种不同的环境里：在一只羊羔旁边拴一只恶狼，这只羊羔一天到晚总感到自己周围有威胁，结果这只羊羔的情绪处于极度恐惧的状态下，吃不下东西，日渐瘦弱不久就夭折了。另一只羊羔则在正常的环境中生活，旁边没有狼的威胁，在前一只羊羔因恐惧而死亡时，它仍然活得很健康，长得很肥壮。这两只羊羔的不同命运，很清楚地说明了情绪对生命的影响。现代心理学、生活学和医学研究成果表明，情绪对人的身心健康具有直接作用，情绪不仅可以致病，而且可以治病。国际卫生组织前不久就此提出现代人的"健康"新概念；除了机体无病患外，还应"天天有份好心情"。故一个最明智的人就是做自己情绪的调节师，做驾驭情绪的主人。EQ指数即情商（自我情绪的管理能力）最近提得很多，有的企业还把它作为考核管理者的一项重要内容。

下面是心理学家们提出来的管理情绪的几条建议，你不妨一试。

1. 当你情绪激动时，别忘了做个深呼吸。人们在情绪激动时，容易出现胸闷、呼吸困难的现象，或在心情不愉快时大脑紊乱，想法较多，此时体内的血液运输系统处于呆滞状态，身体极度缺氧，所以通过加深呼吸即深呼吸，可以增加外界氧气的供给量，提高肌体的运输功能，有效地解除胸闷，达到调节心情的功效，此种方法简单易行，运用于我们日常繁杂工作的每一个角落。

2. 当你觉得不愉快的情绪涌上心头时，你不妨将精力转移到那些与这种情绪完全相反的方面上。当你心情压抑、深重时，千万别一个人躺在床上或呆坐屋内，你可以让外面幽美的风光陶冶你的性情，让开阔的视野排除心头抑郁。事实证明，改变或脱离不利环境，可以使你从不良的情绪中及时地解脱出来。每个人都会有一些比较感兴趣的事，当情绪不好时，做自己感兴趣的事可以转移注意力，从而起到平情绪的作用。俗话说："风平而后流静，流静而后心清，心清而后鱼可数。"待到消极情绪有了一定的缓解后，再仔细想一想，心平气和的解决矛盾，往往会收到满意的效果。

3. 当你受到刺激，遭遇打击，受到不公平的待遇，心情十分不好时，千万不要把这些负性情绪压抑在心头，要想方设法把它发泄出来。如果闷在心里，不发泄出来，这种消极情绪就会慢慢吞噬你的心灵，你就有可能成了消极情绪的牺牲品。此时，你可以找个合适的场合，以合适的方法发泄一通，以达到排解消极情绪的目的。比如，当你的心情压抑时，你可以去踢足球……将火"发"在它们身上；当你被别人误解而又没有机会解释时，你可以将事情的来龙去脉、前因后果写在日记本上，从"倾诉"中得到慰藉。当然，这些宣泄应当是良性的，以不损害他人，不危害社会为原则。但有些人在日常工作中喜欢把自己的不满发泄到无辜的人身上，无意中造成对别人的伤害，此乃大忌。

4. 当你感到沮丧、气馁、悲观失望的时候，最好不要怨恨自己、数落自己、责怪自己。你必须驱散萦绕在心头的忧郁的愁云，排除一切令你沮丧的想法和念头，不要使自己纠缠于一些不称心的事，不要纠缠于所犯的错误和令人不快的往昔，你要相信自己是可以和别人一样获得事业的成功，得到生活的幸福。你必须坚信，不管发生什么，你仍将是幸福的、快乐的。

5. 当一些不愉快的往事萦绕你的心际，使你难以解脱时，你不妨像清理家里无用的陈旧杂物一样，将头脑中这些记忆垃圾清除出去。办法就是忘记它，彻底抹去这些记忆。这是一种有效控制情绪的好方法，是一种自我保护机制。如果我们将这些不愉快的事从心里清除出去后，我们就会觉得心里十分轻松。

6. 自我安慰是改变个人不良情绪的重要方法之一。它是以一种未能能够成立或实现的假设来安慰自己，从而求得心理平衡的良方，非常类似于我们通常所讲的"阿Q精神胜利法"。比如，你被别人误解错怪，如果你想到"人无完人"，"或许过两天他会知道事情真相的"，这样，你的心胸必定能够"豁然开朗"。再如，一具朋友对你做了亏心事，你觉得很生气，这时你若想到"生气是拿别人的过错来惩罚自己"，你也一定会很快气消怨散；在生活中遇到困难和挫折，你应该想到"人生不可能没有曲折"，从而正视事实，直面人生。无数经验表明，学会在生活中适当地对自己来一点阿Q胜利法，可以有效地实现心理平衡的自我调节，从而保持身心的健康发展。

7. 对于不良情绪的出现，还必须学会分析这些情绪产生的原因，并弄清楚究竟为什么会苦恼、忧愁或愤怒。这样可以帮助我们弄清自己所苦恼、忧愁、愤怒的事情，是否确实可恼、可忧、可怒，有时实际并不是这样，那么不良情绪就会得到消解。有些事情确实令人烦恼、气愤，那么，就要寻找适当的方法和途径来解决它。

8. 有时候，不良情绪靠自己独自调节还不够，还需要借助别人的疏导。当你有了苦闷的时候，可以把闷在心里的一些苦恼向家人、朋友倾诉，说出委屈和痛苦，同时还可发发牢骚等。这样，不仅可以排除心头的烦恼，而且还可以得到他人的帮助。

贵　　人

那年,我被分配到一所乡村中学,我教初一一班的语文课,初一二班的语文课是一位姓张的老教师教。校长对我说:"张老师在教学上很有一套,别看她学历不高,业务上却没人比得了。"校长这样安排是为了让张老师带带我这个新手。

我很高兴,能够跟这样一位老师学习是我的荣幸。张老师虽然是初中毕业,由代课老师转正,但她有上进心,肯学习,业务上的确让我佩服。我很虚心地向她学习。开始的时候,她还很客气,总是耐心指导我。

过了没多久,学校组织了一次公开课。大家对我的课评价很高,有的老师说:"到底是师范毕业,上起课来就是得心应手,知识面很宽,我们这些乡下老师比不上。"我说:"哪里,我没经验,还要向各位老师学习。"说话间,我突然瞥见张老师一脸的不屑,好像很不服气的样子。从那以后,她对我的态度变了,动不动就说:"你们师范生,比我们强多了。"如今想来,张老师可能是一种嫉妒心和自尊又自卑的心理在作怪,觉得自己学历不高,就总想教学上比别人强,容不得别人超过自己。

后来的日子,张老师暗地里开始和我较劲。我每次虚心地向她请教问题,她都推辞说"我也不清楚",或者借口"我忘了"搪塞我。我也识趣,不再问她问题,我们的关系有些僵化了。那次,上级领导来学校检查工作,让我谈谈自己的教学体会。因为之前做了精心的准备,所以发言的时候,我表现得很大方,流畅地说出了自己的教学设想。我正是刚毕业意气风发时,所以也不懂得掩饰锋芒,总想表现自己的与众不同,引起别人注意。我提出了几条教学改革的设想,领导在会上表示赞同。让大家没想到的是,张老师发言的时候,谈到了农村教育的实际情况,一一否定了我的设想。她说，要面对农村学校的教学条件和学生素质，更要看到中考对学生的重要作用，所谓的改革其实是空中楼阁，也是在冒险，没有任何学生想当试验品。

张老师毕竟经验老到，说得头头是道。最后，我的想法被否定了。我觉得她太咄咄逼人了。后来一次考试，张老师的教学成绩比我高出很多，她便得意地对别人说："师范生又怎样，还不如我初中生呢。"话传到我的耳朵里，我气得哭了！我开始恨她，觉得她是我遇到的"小人"，专门与我作对。

别人看不起我，我要看得起自己！只有自己真的做出成绩，才是对别人最好的回击。很多时候，别人的鄙视也是一种催人奋发的力量。我开始更加努力工作，同时也和张老师彻底疏远了。

那届学生毕业时，我的教学成绩名列全县第二，超过了张老师，我也因此被调到县城的学校。离开的时候，张老师握了握我的手说："你很优秀。"那一刻，我有一种扬眉吐气的胜利感。

多年以后，我想起曾经"可恨"的张老师，觉得一点都不恨她了，反而很感激她。她的鄙视成就了我。都说人会遇到助自己一臂之力的"贵人"，张老师又何尝不是我的"贵人"？

别人的鄙视像一把双刃剑，伤害你的同时，也给你强大的力量。有时别人想把你踩在脚底下，你却像一棵倔强的草一样生长起来，生命力会因此更加旺盛。所以，感谢生命中那些"可恨"的贵人吧。

赞歌送给他们

左黎是1984年出生的,她有个姐姐,还有一个妹妹和一个弟弟,弟弟今年10岁。

在草根家庭里成长,左黎具备天生的责任感和狡猾的生命力。依我们传统的认知,过去,在一个拥有三名子女的中国家庭里,老大往往呈现出谦逊的个性,老幺一般自私伶俐,夹中间的往往会是三人中最为狡猾的一位。狡猾不算贬义,你也可以理解为生存能力。

2003年离开湖南,在北京一所破烂学校入住下来后,她的生存能力在她周遭同龄人里就一直处于"一直被模仿,从未被超越"的水准。

当她还是新生时,她已经知道帝都的秘密,哪里有便宜的衣服,哪里有打工的机会。当她面临毕业时,她开始跟同学合租房子,并通过修缮和改装,在一套三居室里搭建复合板客厅墙,把三居室划分出新房间,再租给不同的年轻房客。这样一来,她以二房东的身份,在随后这几年时间里,实现了全面的零房租。

她的专业是设计,意识到自己具备侃侃而谈又精明细致的天赋之后,她转身就走向了销售领域。顺理成章,两三年间,她的收入翻了近5倍。我上次见她,她还在算超市里不同调料的差价。这次见她,她已经要赞助我中网的赛事票,并告诉我,以后会有各种免费的球拍、教练和场地等我光临。几个月前,她帮妹妹搞定了工作,还是稳定国企里的烧钱部门。妹妹今年毕业,毕业学校在三线地区都算三线位置。在势利的帝都各大人事经理眼里,属于白眼都懒得翻的没人要的菜鸟。可是左家老二通过平日的积累,令这位菜鸟免掉了原本躲无可躲的屈辱求职命运——这积累有着"桃李不言,下自成蹊"的意境。具体来说,就是她的一个客户,36岁的女高管，离异了，无处诉说哀愁，同事下属通通不能言，而她恰到好处地出现了，填补了这倾听者的角色，然后她们就成了莫逆的朋友。一份工作给谁不是给？

就在我夸赞她本事了得时，她客气说，妹妹就是运气好而已。她4月来，5月搞定工作，6月自己在天涯发征集帖，要求列了15条……7月见了对方父母，几桩大事解决得清一色的稳准狠。

听完，我只好把赞叹默默留给了这家人。这大概就是左家基因。那种从来不会受重视，没见过近水楼台的家庭里的人，你尽可以不把他放在眼里，但如果他说麻烦让让，我也要一席之地，他就能得到一席之地。

So，赞歌送给他们。

没有人不行

2012年11月18日，47岁的郭川独自驾驶一艘12米长的小帆船，从他的家乡青岛出发，开始了不间断环球航海之旅。在他之前，还没有人驾驶这么小的帆船环球航行过。

此后的一百多个日夜，郭川驾着小帆船在大洋中不停靠、无后援、无供给，开始了一个人的战斗。他和海浪斗，和暴风雨斗，和暗礁斗，和冰山斗，和鲨鱼斗；和孤独斗，和寂寞斗，和思念斗；和吃饭斗，和睡觉斗……他随时都有可能葬身海底。与他为伴的，只有那艘叫"青岛号"的小船，他还要和这艘小船斗，要让它处于完好状态，按正确航向前进。

郭川航程的艰难可想而知。每天他只能靠脱水压缩食品果腹，为了一百多天的航程，他准备了150袋真空脱水食品。饮用水只能依赖船上的海水淡化装置，吃东西、喝水、上厕所这些人类生存的基本需求仅仅能被最低限度满足，像洗澡、换衣服都是"奢望"。为保证小船的方向，每次睡觉仅能保持20分钟，碰上雨天，在雨中淋一淋，算是洗个澡。更为难熬的是他一个人的孤独和对亲人的思念。

经过太平洋，穿过赤道，驶向南美洲的合恩角，然后再绕过非洲的好望角后，穿越印度洋，一路向东。郭川战胜了无数艰难险阻和挑战，经过138天、超过21600海里的艰苦航行，于2013年4月5日抵达终点青岛，从而成为首位成就单人不间断环球航海伟业的中国人。

"人生在世应当有所追求，这个世界属于执着的人。"郭川如此解释自己如何能在这138天中坚持下来。

已近"知天命"的年龄，郭川却不"认命"，他用自己的执着与努力，证明了每个人都可以更积极地活着："到了我这个年龄，很多人在心态上已经走进了晚年，想安安稳稳地过日子，失去了拼搏的动力。我只想证明给他们看：你还能拼搏，你还能创造出更大的奇迹。"英国皇家海军退役军人、极限帆船竞技专家马克·特纳给予郭川高度评价："郭川的故事能激励中国这样一个有着悠久航海历史的国家。去实现自己的梦想吧，每个人都行。"

　　成功的路上，每个人都行，不在于年龄大小，不在于能力强弱，不在于条件好坏，不在于金钱多少，关键是要有自己的梦想并积极行动。人在征途，需要顽强的意志力；人在征途，不要轻言放弃；人在征途，要坚守自己的信念，迎风斗浪，披荆斩棘，朝着梦想一路向前。

你只有一条路

这些年,我很在意整理身边的物件,譬如时刻保持鞋架的整洁或是书架的井然。我无洁癖,也不是没事找事,而是刻意为之。深知成功之难,挫折时时躲在镜子的死角或侧翼,而这些看似不起眼的日常细节,善待它,就能成为阳光或氧气,滋润自己,让心沉下来、慢下来、静下来,令自己保有一颗恒心,让坚持成为一种习惯,在不知不觉中去坚持做一件事。

是的,只有当坚持成为潜行、变成习惯时,坚持才可能被喝彩、祝福。

很多人说过,我也这么看的:做什么事天分很要紧,但光靠天分是做不成事的。天分是飘忽云端的锦彩,是闪耀水面的流光,虽然能够感觉,但还并不真正被你攥在手中,踩踏在脚下。它像你呼出或吸入的气,是你的,又不是你的。它比淡扫的蛾眉更纤细,比新人的目光更敏感。它急促而瘦弱,消耗或闲置是摧毁的前奏,寒冷落寞无言。当你蓦然想起它时,也许早已随着时光流走,如同女人美丽的睫毛,秋蝉声中,含不住任何一滴眼泪。

记住,当你发现某种天分,请盯紧它,如同盯紧你的生命,然后朝着它来的方向寻去,以疯狂的坚持,歇斯底里的坚持,打破砂锅问到底的坚持,直到它逃无可逃,撞进你的怀里。你不必悼于进度缓慢,亦不必悼于走向极端。当我们的目光一丝不动,当肌肤古铜,背影沉重,当我们的宿命干净,请相信,这一切并非苦吟,而是"未到江南先一笑"。

何为坚持?两个字:一个"勤",一个"忍"。说起勤字,或许首先让人想到"勤能补拙"这个质朴又带点儿褒奖意味的成语。我要说,这是一个谎言。勤是补天的，不是补拙的。让勤去补拙，无异于哪壶不开提哪壶，让自己谋杀自己。我不敢想象，若陈景润辛勤补拙去踢足球，博尔特去电脑编程，吴清源去研究天文，克林顿去救死扶伤……这个世界将会变成怎么一番模样。人倘不能循天分而动，越是坚持，越是自我为难，自我损耗，最后即便成功也是范进中举式的成功。我们的教育制度偏偏倡导"勤能补拙"，追求"全面发展"，学中医的英文不好不能毕业，工程师记不清主义不能深造，学艺术的要追问牛顿定理。呜呼哀哉！全面其实是最大的片面。字典燃烧，哲理哭泣，唯有黑暗的愚蠢和狡黠笑得开怀。我以为，天道酬勤，是天在先，这里的"天"字，既代表青天，也意味个人的天分。人人都有自己的天分，把事业种在自己天分的土壤上，做自己擅长做的事，辅以勤劳，辛勤浇灌它，有天助，有地助，有自己助，风顺雨来，雨过天晴，埋下的种子在微笑。

再说"忍"字。人天生最怕忍字，卡夫卡不是说过：人类因为没有忍耐心才被逐出天堂，因为没有忍耐心，所以又永远无法返回天堂。人不过是一根会思考的芦苇，软弱、渺小流淌在我们血液里、骨子里，渴了要喝水，饥了要进食，冷了要加衣取暖，热了要制冷降温。这么娇气软小的生命，怎么受得了天天在"忍"字中煎熬？在忍耐中坚持，犹如热锅上的蚂蚁，只想逃生，是做不了事的。但没有一个读书人会把天天掌灯读书当罪受，正如没哪位晨跑者会为天天早起而苦，因为习惯使然。习惯既是生活方式，也是内容，在习惯中做事，像风消失在风中，是天人合一的意味，大道无痕的感觉。所以，要把"忍"字写好，最好的办法是养成习惯，让习惯去把这个字抹掉。

人生苦短，路途却漫漫长长，沿途风大波恶，机遇与挑战并肩，诱惑与陷阱同生。你要自信，更要自强；你要知彼，更要知己；你要辛勤劳动，更要循天分而动。天分是天意，要为天意去执著，不要让勤去补拙。通往罗马的大路只有一条，多一条都是歧途。

一堂体育课

我上高中时，社会上普遍重理轻文，到文理分科的时候，只有成绩最差的学生才会去上文科班。我是一个有虚荣心的女孩子，于是待在理科班，混在一群朝气蓬勃的同学中间，享受着被"最好的老师"授课的荣誉。

在我印象中，数理化全是男老师教，连班主任也是男老师。大家从分班第一天起，就渴望成为老师的关注焦点。就在我稳扎稳打做种种努力的时候，我们学校来了一个教体育的老师，姓关。那个时候，常把老师比喻为蜡烛，关老师和教我们数理化的老师相比，那些老师像流泪的红烛，燃烧了很多年；而关老师则像一株挺拔的工艺蜡，浑身上下没有一点儿瑕疵，目光清澈，身形矫健。而且其他的老师训斥起我们就像家长骂不争气的孩子，而关老师批评我们却多少带一点儿羞涩，好像很不好意思。关老师很年轻，至少比我们学校那些特级老师年轻20岁。不久我们就知道关老师有女朋友，快要结婚了。我们班的几个女生成群结队地"埋伏"到他家附近，当他骑自行车带着女朋友拐进胡同的时候，就装作不经意地碰上，齐声喊他"关老师"。他只好紧急刹车，并且用一只脚点地，一只手捏闸，腾出另一只手保护坐在后座的女朋友，脸上飞满红云。到第二天早操的时候再见面，他还会不好意思。

不过，我几乎没有任何希望能引起关老师的注意，因为他要来挑选体育尖子，而我的体育成绩几乎要靠"作弊"才能及格。比如说跑步，我要靠站在比起跑线前面一点儿，再加上抢跑才能过关；再比如说跳远，需要几个同学遮住老师的视线，我才能在冲过起跳点以后起跳。体育老师也并不是不知道这些，他们早对我们这样的学生失望，所以睁一只眼闭一只眼，让你过了大家都省心。现在的关老师要我们做仰卧起坐，我早和同学勾结好，互相乱数，以达到自欺欺人的效果。但是，关老师对我们明确说，你们如果真的做不好，我可以送给你们及格，不过，你们要努力去试。你们应该相信自己，优秀也许很难，但做到及格没有那么难，及格是每个人通过努力都可以达到的。

他让那个给我乱数的同学走开，亲自按住我的脚，对我说："你来做，我来数，大家监督。"我从来没有那么近地接触过一个男老师，那是第一次，也是最后一次。我不但及格了，而且还达到了优秀。下课以后，我自己找到一个角落哭了很久，根本不知道为什么。"仰卧起坐"对于我来说，比最难的考试还要没有希望，但是我居然通过了。在以后的几天，我浑身上下一直疼得厉害，那种实实在在的疼痛让我感觉骄傲——我的仰卧起坐成绩是优秀。

我想关老师一定不知道，在我以后的人生中，遇到过很多类似"仰卧起坐"的事情，我以为自己再也起不来了，但是不知道为什么，我会忽然感受到脚上有一种力量，那种力量正是当年关老师给我的。他按住我的双脚，对我说："你来做，我来数，大家监督。"于是，我像当年一样，咬紧牙关调动全身所有的力气——再一次起来。

习惯被人拒绝

他是一个年轻有为的老总,刚刚三十九岁,就有亿万身家,更难得的是,他是白手起家,没有任何背景。

在一个商务会议休息间隙,我非常好奇地请教这位老总,为什么能够从白手起家干到现在的亿万富翁。他笑了笑说:"只是因为我很早就'习惯被拒绝'。"

这个说法非常奇怪,看我满脸迷惑的样子,老总笑着开始具体给我解释他这句话的意思。

因为家穷,他高二的时候就出去打工,在深圳,他费尽周折,被人拒绝很多次后,终于在一家饭店找到了做服务员的差使。

他不怕吃苦,饭店的脏活累活抢着干,光土豆丝,他每天就得切满满三大盆。一天,一个厨师悄悄地说:"兄弟,我看你能吃苦,做人也挺机灵,嘴巴也不笨,我感觉你挺适合做销售的。"

于是,他辞职了,开始找销售这个行业。但是,因为那个时候,他刚刚十八岁,年龄还算小,又没有销售的经验,于是,总是被人拒绝。

深圳那么多的工厂和公司,他不信自己找不到一家公司接纳自己。于是,一家家地找,一家家地被拒绝。最后,一家卖电池的公司接纳了他,底薪很低。他买了辆二手自行车,自行车后面带着两箱子电池,遇到小卖店就上门推销。结果,总是被拒绝。一天,一个超市老板在门口和别人下象棋,他在旁边看,老板赢了棋,他适时地夸奖老板水平高,老板扭过头看看他:"你这小伙子真有意思,我都拒绝你三次了,你还不死心,真有股子倔劲啊!这样吧,我买你一百板电池(一板四节),如果质量好,以后我还进你的。"于是,在经过这个老板的三次拒绝后,终于成交了第一笔生意，自己也拿到了第一笔销售提成：四十元。

经过努力，二十岁那年，他成了全公司最好的销售员，每个月的销售提成就能上万。

虽然销售业绩相当可观，但是，电池行业毕竟销售数额不大，于是他跳槽到一家公司做安全防护产品的销售，这个行业的客户都是矿山、油田、消防、石化、井架等需求很大的客户，通常，只要做上一单，销售额就能达到几百万甚至上千万，就是个小合同，也能达到几十万。

于是，他跳槽到这个行业发展。虽然以前干过销售，但是，毕竟隔行如隔山，以前苦心经营下的销售网络没有任何作用，还得从头开始。

他每天就是打电话，从百度搜索到相关的公司，然后打电话进行推销，这样的推销电话，他每天能打几百个，虽然都是拒绝，但是，他毫不泄气。终于有个矿山因为应付上级主管单位的安全突击检查，临时需要购买一批安全防护产品。"瞌睡正好遇到枕头"，他签了这个八百多万的合同。还有一单合同是因为一个客户和一个公司产生了矛盾，客户一生气，准备换公司，这个时候，他的电话打来了，于是，签订了这个三百多万的合同。

他每天至少打四百个电话，试用期三个月，他打出了几万个电话，绝大多数是拒绝，成功率甚至达不到万分之一。但是，正是这不到万分之一的成功率，正是这两单共一千余万的销售额让他顺利转正，成为这个外企大公司最年轻的销售员。

后来，有了销售网络和一定的资金后，他开了个公司，代理一家安全防护公司的产品，事业开始快速发展起来。

每个人的一生中，都会面临很多拒绝，所以，习惯被拒绝非常重要。当你对"被拒绝"习惯了，面对恋情的失败，你才不会暴跳如雷甚至产生共同灭亡的邪念；习惯被拒绝，当你工作中遇到困难的时候，你才会更加鼓起信心向前走；当你习惯被拒绝的时候，生意场上才能真正做到生意不在人情在；当你习惯了被拒绝，你才真正学会淡定；当你习惯了被拒绝，你早晚会在事业上取得成功。